奶公牛

育肥饲养管理关键技术

孙　鹏　等　编著

NAIGONGNIU

YUFEI SIYANG GUANLI

GUANJIAN JISHU

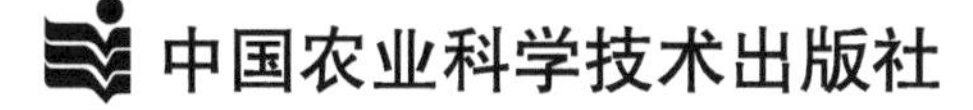

中国农业科学技术出版社

图书在版编目（CIP）数据

奶公牛育肥饲养管理关键技术 / 孙鹏等编著. -- 北京：中国农业科学技术出版社，2024.5

ISBN 978-7-5116-6798-4

Ⅰ. ①奶… Ⅱ. ①孙… Ⅲ. ①肉牛－肥育 Ⅳ. ① S823.96

中国国家版本馆 CIP 数据核字（2024）第 085243 号

责任编辑 金 迪
责任校对 李向荣
责任印制 姜义伟 王思文

出 版 者 中国农业科学技术出版社
北京市中关村南大街 12 号 邮编：100081
电 话 （010）82106625（编辑室）（010）82106624（发行部）
（010）82109709（读者服务部）
网 址 https://castp.caas.cn
经 销 者 各地新华书店
印 刷 者 北京建宏印刷有限公司
开 本 170 mm × 240 mm 1/16
印 张 5.5
字 数 110 千字
版 次 2024 年 5 月第 1 版 2024 年 5 月第 1 次印刷
定 价 48.00 元

《奶公牛育肥饲养管理关键技术》

编著人员

主 编 著：孙　鹏

副主编著：马峰涛

编著人员（按姓氏笔画排序）：

丁得利　于　昕　卢庆萍　史利军
成海建　吕中旺　李树静　苏华维
肖　阳　范守民　国　佳　单　强
郝　月　郝剑刚　南雪梅　黄　棋
韩永胜　戴浩南

前言 PREFACE

2024年2月3日最新发布的中央一号文件，即《中共中央 国务院关于学习运用“千村示范、万村整治”工程经验有力有效推进乡村全面振兴的意见》中再次强调：“稳定牛羊肉基础生产能力”，并提出了“树立大农业观、大食物观，多渠道拓展食物来源，探索构建大食物监测统计体系”的要求。牛肉作为国民日常饮食的重要组成部分，随着人们生活品质的提高，消费者对其品质的要求不断提升，对其供应的需求不断增长。然而，由于国内牛源短缺，供需矛盾愈发突出。为满足牛肉消费不断增长的需求，科研人员开始关注奶公牛的潜在价值。与国外相比，我国对乳牛肉的利用效率相对较低，因此科学合理的育肥方法对提升奶牛产业的附加值和培育新的利润增长点至关重要。尽管肉牛资源的稀缺性促使养殖企业和乳品企业达成了利用奶公犊进行育肥的共识，但在实践中仍然存在一系列问题。未来，奶公牛高效育肥技术的研发将为产业提供强大的市场竞争力，这一发展趋势将为我国牛肉市场的可持续增长创造有利条件。

本书系统全面地介绍了奶公牛营养与健康育肥的系列关键技术，从多角度全面探讨了奶公牛特有的育肥及饲养管理技术。全书共分为七章，主要内容包括：奶公牛育肥概述、奶公牛常见饲料与加工、奶公牛普通育肥技术、奶公牛特殊育肥技术、奶公牛常见疾病防控、奶公牛养殖经济与市场分析、奶公牛的养殖福利等。

本书是在国家肉牛牦牛产业技术体系（CARS-37）、“十四五”国家重点研发计划子课题（2022YFD1301101-2）、中国农业科学院科技创新工程（cxgc-ias-07）资助下完成的。本书是多人智慧的结晶，在此由衷地感谢参与书稿编著的各位老师和同学。

鉴于作者水平有限，书中存在的疏漏与不足之处在所难免，敬请广大读者批评指正。

编著者

2024 年 3 月

目 录 CONTENTS

第一章
奶公牛育肥概述

第一节　国内外牛肉市场供需概况

随着中国经济持续增长和城镇化进程加速推进，居民收入水平不断提高。在这一大背景下，中国居民膳食结构正逐渐从温饱型过渡到富裕型，食物消费也逐步朝着富含蛋白质的动物性食物方向升级。特别值得注意的是，受西式餐饮文化传播和中国少数民族地区饮食习惯的影响，牛肉在我国肉类消费中所占比例不断攀升，成为肉类消费的重要组成部分。目前，中国已经成为全球牛肉消费增长最快的地区之一。牛肉产业面临着一系列挑战，其中包括生产周期长、成本高、资源消耗多、环境污染大等特征。由于这些约束因素，国内牛肉产能难以满足不断增长的消费需求，因此牛肉进口呈现飞速增长的趋势。总体来看，全球牛肉消费市场主流品种包括安格斯牛、海福特牛、夏洛来牛、利木赞牛和西门塔尔牛。牛肉产业链上游主要聚焦于肉牛养殖。不同国家由于资源禀赋和发展程度不同，养殖肉牛的方式和规模存在着较大差异。一些资源丰富的国家，如澳大利亚、新西兰、巴西和阿根廷等，倾向采用“草原型现代畜牧业”的模式，以天然草地为基础，以围栏放牧为主；而像美国这样的牛肉产业较发达的国家，则更倾向于采用母牛放牧散养、肉牛集中育肥的大规模工厂化养殖模式。然而，一些土地资源匮乏的国家（比如日本、韩国）以及发展水平较低的国家（比如中国），仍然采用“农户分散饲养模式”。与大规模工厂化养殖模式相比，这种模式存在着养殖效率低、缺乏规模效应和出肉率低等缺点。美国农业部（USDA）的统计数据显示，2017—2019 年，全球牛肉总产量呈上升趋势，2019 年全球牛肉产量达到 5 846.2 万 t，创下近年最高纪录。然而，受到新冠疫情的影响，2020 年全球牛肉产量下滑至 5 763.4 万 t。随着全球疫情逐步受到控制，2023 年全球牛肉产量约为 5 931.3 万 t。就全球牛肉供给地区结构而言，巴西、美国、中国以及欧盟等地占据主导地位。USDA 的统计数据显示，2023 年，美国牛肉产量为 1 229.1 万 t，位居全球第一，占全球牛肉总产量的 20.7%；巴西和中国紧随其后，牛肉产量分别为 1 056 万 t 和 750 万 t，分别占全球牛肉总产量的 17.8% 和 12.6%。

在 21 世纪初，发达国家对牛肉的消费需求达到顶峰。然而，随着红肉可替代性因素等的影响，发达国家的牛肉消费持续下降。2004 年，美国、加拿大和欧盟的牛肉消费量分别为 1 266.7 万 t、102.3 万 t 和 858.2 万 t，占全球牛肉消费量的比例分别为 22.4%、1.8% 和 15.2%。然而，到了 2023 年，这些数字分别下降至 1 261.2 万 t、100.2 万 t 和 630 万 t，占比分别下降至 21.7%、1.7% 和 10.9%。与此同时，发达国家人均牛肉消费量也呈现下降趋势。联合国粮食及农业组织（FAO）和经济合作与发展组织（OECD）的数据显示，2006—2022 年，美国和欧盟的人均年消费牛肉量分别从 42.4 kg 和 17.6 kg 下降至 25.86 kg 和 10.26 kg。这种下降主要是由于消费者将蛋白质摄入来源转向其他肉类替代品，如鱼类、猪肉和禽肉等；与此相反，发展中国家在经济增长和消费习惯改变的推动下，牛肉消费量则逐渐上升。巴西、中国和印度 2023 年的牛肉消费量约占全球牛肉消费总量的 37.9%，这些国家的牛肉消费量从 2004 年的 641.7 万 t、671.2 万 t 和 163.8 万 t 增长至 2023 年的 786.7 万 t、1 108 万 t 和 301.5 万 t；人均牛肉消费量也呈上升趋势，2022 年中国人均牛肉消费量较 2021 年增长 2.9%。发展中国家牛肉消费量的快速增长源于其经济的高速增长以及饮食习惯的改变，未来随着经济的进一步增长，发展中国家的牛肉消费有望继续增长。

虽然发达国家对牛肉消费有所减少，但是发展中国家牛肉消费的崛起填补了这一缺口，使全球牛肉消费量保持相对平稳。USDA 的统计数据显示，2017—2019 年，全球牛肉消费量呈现平稳增长的趋势。到 2020 年，受新冠疫情影响，全球牛肉消费略有回落，总消费量为 5 604.3 万 t，而 2021 年全球牛肉消费量为 5 587.5 万 t，2023 年全球牛肉消费量高达 5 799.5 万 t。就地区结构而言，美国、中国、巴西和欧盟 4 个地区仍然是全球牛肉消费的主要地区。2023 年，美国牛肉消费量为 1 261.2 万 t，占全球牛肉总消费量的 21.7%；中国和巴西分别消费了 1 108 万 t 和 786.7 万 t，占比分别为 19.1% 和 13.6%。如今，中国已成为全球牛肉消费第二大国和牛肉进口第一大国。2022 年，中国肉牛相关生产数据稳定上升，全国肉牛存栏约 10 215.85 万头，出栏量达 4 839.91 万头，屠宰肉牛约 3 010 万头，牛肉产量为 718.26 万 t，产值约 6 780 亿元。从需求角度看，2022 年中国牛肉需求量达 986.73 万 t，同比增加了 56.71 万 t，增幅约 6.1%。然而，与 2022 年牛肉产量（718.26 万 t）相比，

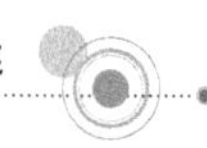

中国牛肉需求仍有较大缺口，达268.47万t。中国对肉牛商品的进口也在逐年增加，2022年进口量达377.16万t，同比增长31.98万t，增幅为9.26%；进口金额达198.71亿美元，同比增长52.55亿美元，增幅为35.95%。根据国务院和农业农村部的规划，到2025年我国牛羊肉自给率应保持在85%左右。然而，目前我国牛肉自给率仅为70%左右，牛肉市场供需矛盾突出，未来我国肉牛产业仍有巨大的发展空间。

第二节　国内外奶牛养殖市场概况

近年来，全球奶牛养殖数量持续增长，得益于全球乳制品产业的快速发展以及奶牛养殖规模化的不断推进。截至2022年，全球奶牛养殖数量达到14 002.1万头，同比增长0.9%。在这一趋势下，我国奶牛养殖行业也保持了稳定发展，各类设施不断完善。奶牛主要分为乳用品种和乳肉兼用品种两大类。乳用品种包括荷斯坦奶牛、娟姗牛、爱尔夏牛、更赛牛、乳用短角牛；乳肉兼用品种包括瑞士褐牛、丹麦红牛、西门塔尔牛（德系、中系）以及中国的三河牛、草原红牛、新疆褐牛等。我国主要以黑白花奶牛为主，这一品种适应性强、分布广泛且耐粗饲，又被称为中国荷斯坦奶牛。在养殖方式上，我国采用草地放牧、家庭农牧混合和集约化规模养殖三种方式。草地放牧和家庭农牧混合方式多为小农户采取，而大中型规模养殖场则倾向于集约化规模养殖，往往由企业经营。全球奶牛养殖业正在经历技术创新，智能化养殖系统、远程监控技术、数据分析等先进技术的应用，提高了奶牛的生产效率和养殖管理水平，促进了产业的可持续发展。随着环境问题的凸显，奶牛养殖业积极采取环保措施，包括粪污处理技术的推广和废弃物资源化利用等，均有助于实现奶牛养殖的绿色可持续发展。

全球奶牛数量分布上，印度、欧盟和巴西等地拥有较为集中的奶牛存栏量。其中，印度以5 950万头的奶牛数量占全球总量的42.49%，欧盟和巴西分别占比14.44%和12.07%。我国作为奶及奶制品消费大国，牧场奶牛的存栏量自2020年以来保持稳步增长，2021年达580万头，同比增长11.54%。2022年，我国奶牛数量为640万头，同比增长3.2%，但占比仅为4.57%。随着国家对良种繁育体系的支持，引进各类优质品种，以及建设优质奶源基地，我国奶牛存栏量将继续增加，预计到2025年将达到743万头左右。在消费升级和健康意识提升的推动下，我国乳制品需求持续上升，尤其是高端乳制品的需求增长迅速。为满足原料奶的需求，各企业通过加快牧场建设和积极进行牧场并购来扩充存栏规模，提升原料奶产量。大型牧场以其高效的管理和疾病管控等优势，提供高品质的原料奶产品，同时在应对极端天气时能够迅速响应。随着行业的发展，大型牧场逐渐成为主流，从2014年的23.6%提升至2019年的43%。预计未来几年，这一比例将进一步提升。

第三节 国内外奶公牛利用现状及发展前景

在国外牛业发达国家，奶牛养殖业的副产品，包括淘汰母牛、奶公犊和淘汰奶母犊，成为牛肉的主要来源之一。解决我国牛肉短缺问题的途径之一是通过“向奶公牛要肉”。奶公犊作为奶牛产业的副产物，在国外已得到有效利用，其中欧盟、英国、新西兰、日本、俄罗斯、美国等国家和地区，奶公牛群贡献了相当比例的牛肉产量。例如，欧盟有45%的牛肉来自奶公牛群，英国牛肉有40%来自奶公牛育肥，新西兰约41%的牛肉来自奶公牛肉，日本牛肉产量有将近60%出自奶公牛群，俄罗斯牛肉产量中的90%来源于奶公牛。美国每年约屠宰235万头荷斯坦阉牛，奶公牛肉市场占有率从2002年的17.9%增加到2016年的22.7%。而在我国，由于繁育母牛资源短缺，牛肉市场主要依赖架子牛育肥以及成品牛肉进口。近年来受养殖成本及进口奶源的双重影响，我国奶公牛养殖利润逐渐降低。据统计，我国年产荷斯坦公犊150万头以上，其中约54%的奶公犊进行育肥，15%在出生后即屠宰卖肉，31%用于提炼血清。然而，奶公牛肉市场占比仍低于10%。在目前的奶公牛养殖环境中，奶公犊主要被用于制备犊牛血清或者普通育肥后出售，未能充分利用其生产牛肉。奶公牛科学合理育肥是提高奶公牛养殖效益的有效途径，将其投入牛肉生产对缓解我国肉牛牛源危机具有重要意义。一般将使用全乳或配制代乳料辅助饲养120 d，体重约100 kg的奶公犊肉称为“小白牛肉”，呈浅白色或粉红色，因其肉质细腻，蛋白质含量高，脂肪和胆固醇含量相对较低，价格是普通牛肉的5～10倍。研究发现，奶公犊小白牛肉肉质鲜嫩，蛋白质、氨基酸、不饱和脂肪酸含量高，具有极高的营养价值。此外，奶公犊具有体质量增加快、饲料报酬高、瘦肉率高等特点，是亟待开发的、独特的优质牛肉产品。2009—2014年，犊牛肉（即屠宰月龄8个月以下）和小牛肉（屠宰月龄8～12个月）的肉类产量在欧盟28国增加了约4%，在欧盟15国增加了6%，在此期间，犊牛肉和小牛肉的平均胴体质量也增加了7%。

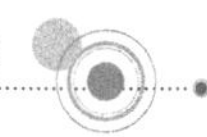

欧美等发达国家的奶公牛产业已具备完善的分级标准和配套体系，形成了成熟的小白牛肉产业。相比之下，我国的奶公牛肉市场起步较晚，研究方向相对较为单一，主要集中于饲养管理和代乳料研发等方面。因此，我国亟须研发奶公牛的高效育肥技术，以充分发挥其在牛肉市场的潜力。随着国内牛肉市场需求的上升，采用合适的技术进行奶公牛育肥，不仅可以缓解我国育肥牛市场牛源紧张的问题，还能降低奶业养殖的市场风险。产业亟需一套荷斯坦公犊牛低成本、差异化、全周期的精准饲养方案，以实现奶公牛降本、增产、提质、增效利用，从而推动肉牛产业发展，助力国家乡村振兴。

目前我国荷斯坦公犊主要被用于制备犊牛血清或进行普通育肥后出售，尚未充分挖掘其潜在的高附加值。与欧洲等国相比，我国对于荷斯坦公犊的利用尚处于初级阶段，存在较大的发展潜力。在欧洲，尤其是荷兰，荷斯坦公犊的利用已经相当成熟，90% 的荷兰牛肉来源于乳牛肉的屠宰加工，每年生产大量奶公犊。这些奶公犊主要用于生产犊牛肉，成为世界最大的犊牛肉出口国之一。荷兰在 20 世纪 60 年代仍在分散饲养奶公牛，但从 70 年代开始集中生产，80 年代开始大规模和有组织地生产，以符合欧洲标准。从 20 世纪 90 年代开始，荷兰逐步开发了欧洲、亚洲和其他国家的奶公牛，进入了安全化、档次化、优质化的发展阶段。在欧洲，犊牛肉产业与奶公牛养殖和乳制品加工业发展息息相关。法国是牛肉消费量最多的国家之一，而荷兰是牛肉产量最高、出口最多的国家之一。欧盟发达国家每人平均消费的小牛肉更多，这表明犊牛肉在欧洲是一种备受欢迎的食材。在犊牛屠宰处理方面，荷兰已全面推行了分级和屠宰处理的等级体系，目前已生产出约 9 000 种奶公牛制品。这些制品包括各种牛肉产品，可以满足不同市场需求。通过系统的屠宰和加工体系，荷兰生产的高质量犊牛肉已出口到欧洲、亚洲和其他多国。俄罗斯的高奶公牛肉自给率使其能够更好地满足国内市场需求。随着我国牛肉市场的发展，奶公牛育肥有望成为牛肉产业的重要支柱。国外在荷斯坦公犊的利用方面已经取得了显著的成效，这为我国在这一领域的发展提供了宝贵经验。通过引入先进技术和管理经验，我国可以更好地利用奶公牛资源，提高养殖效益，满足市场需求，实现肉牛产业的可持续发展。同时，政府和企业应共同努力，制定相关政策和标准，推动奶公牛育肥产业的规范发展，为乡村振兴和农业经济的繁荣作出贡献。

奶公牛和肉牛养殖是两个相辅相成的产业，在奶业转型和肉牛牛源紧缺的情况下，它们不可能完全独立存在。越来越多的奶公牛已经开始被用来育肥，目前我国主要有两种奶公犊生产模式：纯种奶公犊饲养和“奶公牛＋肉牛”肉杂犊饲养。常规饲养模式（不进行奶公犊育肥），遗传改良进展慢，盈利能力不稳定，抗风险能力较弱，受饲料价格、原料奶价格和市场的影响，但操作简单。奶公牛犊直线育肥技术是一种在断奶后直接将犊牛转入育肥阶段的养殖方法。这种技术不需要使用吊架，而是充分利用奶公犊牛生长速度快、育肥成本低的优势，直接提供高水平的营养，以提高犊牛的附加值，实现快速育肥。采用这种技术可以有效利用奶牛繁育生产的小公牛，扩大育肥牛的牛源，提高饲料利用率，降低养殖成本，缩短养殖周期。纯种奶公犊饲养模式能够生产适合不同市场层次的牛肉，覆盖高、中、低端市场。根据屠宰月龄和育肥阶段的不同，包括小白牛肉、普通牛肉、荷斯坦公牛肉、荷斯坦阉牛肉等。根据犊牛出栏的月龄和培育方式，奶公犊生产的犊牛肉分为小白牛肉和普通牛肉，其中包括幼仔犊牛肉、犊牛嫩牛肉和犊牛红肉。幼仔犊牛肉是由生理机能强、体重达到 68 kg 左右的奶公犊在 3～4 周龄时生产的，呈微红色、细嫩、低脂肪、肉质松软、富含各种氨基酸。犊牛红肉是由奶公犊先喂牛奶，再喂谷物、干草及添加剂，饲喂至 6 月龄，体重 270～300 kg 时屠宰生产的，肉色鲜红、有光泽、纹理细、肌纤维柔软、细嫩多汁。嫩牛肉与犊牛红肉类似，是奶公犊饲喂期延长至 8～9 月龄，体重达到 350～400 kg 时屠宰生产的，肉质细嫩多汁。大部分奶公犊通常会从断奶后育肥至 12 月龄，体重达到 450～500 kg，或者吊架子饲养到 12 月龄再补育 4 个月，体重达到 500～550 kg 屠宰，产生的一般为普通牛肉。荷斯坦公牛在阉割后，可以生产中高档的大理石花纹和雪花牛肉，与阉牛相比，奶公牛生长速度更快，饲料利用率更高，但在肉品质上略有差异，阉牛的大理石花纹评分更高。犊牛肉的营养成分丰富，蛋白质含量可达 23.76%，粗脂肪较低，为 1.38%；水分含量较高，为 77.66%；矿物质元素丰富，铁和铜是成年黄牛肉的 10 倍；风味氨基酸含量也很丰富。

为了稳定我国奶公牛和肉牛产业基础，规避养殖风险，增强市场竞争力，国家肉牛牦牛产业技术体系提出了“奶肉牛复合养殖模式”。这种模式包括淘汰母牛 + 奶公犊复合、奶牛 + 肉牛杂交牛复合以及直接饲养乳肉兼用牛种。这三种模式分别具有不同的特点和优势，可以根据养殖场的实际情况选择合适的模式。淘汰母牛 + 奶公犊复合养殖模式通过将淘汰母牛和奶公犊进行复合养殖，可以提高牧场的盈利能力和抗风险能力。这种模式操作相对简单，适用于养殖场的初级阶段。奶牛 + 肉牛杂交牛复合模式不仅可以提高盈利能力和抗风险能力，还可以快速提高产奶量，加快遗传改良进展。然而，相对于淘汰母牛 + 奶公犊复合养殖模式，操作较为复杂。此外，养殖乳肉兼用牛

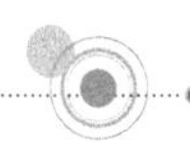

不仅能调动牛场生产积极性、提高牛场综合经济效益，还可提高产奶产肉等生产性能。部分地区通过引进乳肉兼用型牛，与本地荷斯坦奶公牛杂交配种，培育杂交代新品种，在不减少整体产奶量的基础上，通过杂交代养殖，提高牛体健康水平，延长生产使用寿命，杂交代公犊和淘汰牛通过育肥增加残值效益。乳肉兼用牛的公犊育肥快，12～14 月龄体质量平均 540 kg 以上，肉质好、屠宰率达 55%～65%，市场需求大，售价高，生产母牛淘汰育肥残值高，也能增加牛场的经济效益。通过研究荷斯坦奶公牛与其他专用肉牛品种（海福特、安格斯和西门塔尔）的生长性能指标，发现它们在平均日增重和饲料效率等方面并无明显差异。然而，在屠宰率方面，肉牛的屠宰率高于荷斯坦奶公牛，这可能与荷斯坦奶公牛的屠宰年龄过早有关。在肉质方面，荷斯坦奶公牛产出的优质牛肉占比较高，达到 60% 左右，远高于纯种肉牛品种的 45%。通过对比研究不同月龄奶公牛的屠宰情况，发现 20 月龄的奶公牛活重达到 600 kg 以上，29 月龄超过 900 kg。随着体重的逐步增加，屠宰率呈直线上升趋势，在 21 月龄体重达到 750 kg 左右后，屠宰率的增加趋于平稳。在 800 kg 以上，肉骨比增长趋势较缓慢。这表明荷斯坦奶公牛在育肥过程中，能够生产出中高档的具有大理石花纹的牛肉和雪花牛肉。在传统养殖模式中，公牛犊的经济价值相对较低。然而，通过育肥这些公牛，可以将它们转化为高质量的肉牛，实现对动物资源的高效利用。这不仅增加了养殖户的收入，还积极影响了整个肉品市场的供应，满足了对不同品质和价格的牛肉需求，促进了肉品市场的稳定发展。奶公牛育肥作为乳牛养殖的一个重要分支，为奶牛场提供了额外的收入来源，对整个养牛业产生了深远的影响。

第二章

奶公牛常见饲料与加工

第一节　饲料种类

根据饲料的营养特性将饲料分为八大类，主要包括粗饲料、青绿饲料、青贮饲料、能量饲料和蛋白质饲料、维生素饲料和添加剂类饲料。

一、粗饲料

粗饲料是指饲料干物质中粗纤维含量大于或等于 18% 的饲料，通常以风干的形式饲喂。这类饲料在农业生产中扮演着至关重要的角色，为动物提供必要的纤维和能量。常见粗饲料包括干草类饲料（草本干草和牧草干草，如苜蓿和禾本科干草）、稻草类（谷物植物茎部，如小麦稻草和大麦稻草）、豆科植物（如苜蓿、红豆草和白三叶草，富含纤维、蛋白质和矿物质）。

二、青绿饲料

青绿饲料（图 2-1）指天然水量在 45% 以上的新鲜饲草以及放牧形式饲喂的人工种植牧草、草原牧草等。因富含叶绿素而得名。主要包括天然牧草、人工栽培牧草以及瓜果菜叶藤类等。由于粗饲料能较好地被牛、羊等家畜利用，而且品种多，来源广，并具有营养全面、成本低、采集加工简单方便等优点，其重要性不低于精饲料。青绿饲料的营养价值随着植物的生长而变化，一般来说，植物生长早期营养价值较高、但产量较低。生长后期，虽干物质产量增加，但由于纤维素含量增加，木质化程度提高，营养价值下降。青绿饲料含水量高，不易久存，易腐烂，如不进行青贮和晒制干草，应及时饲用，否则会影响适口性，严重的可引起中毒。青绿饲料是家畜的良好饲料，但总的来说，单位重量的营养价值并不是很高，同时，由于不同畜禽的消化系统

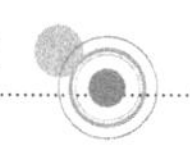

结构和消化生理存在差异，利用方法也有不同，因此，必须与其他饲料搭配利用，以求达到最佳利用效果。而草食家畜（如牛、羊）由于有瘤胃和发达的盲肠，对粗纤维的利用能力较强，日粮中可以青绿饲料为主，辅以适量精料，每头牛的日粮摄取量为 20～30 kg。

图 2-1　玉米和苜蓿青绿饲料

三、青贮饲料

青贮饲料（图 2-2）是由含水分较多的植物性饲料经过密封、发酵后而制成的一类饲料，主要用于喂养反刍动物。青贮类饲料比新鲜饲料耐储存，营养成分高于干饲料，且储存占地少。青贮类饲料是将含水率为 65%～75% 的青绿饲料经切碎后，在密闭缺氧的条件下，通过厌氧乳酸菌的发酵作用，抑制各种杂菌的繁殖，而得到的一种粗饲料。青贮类饲料气味酸香、柔软多汁、适口性好、营养丰富、利于长期保存，是家畜优良的饲料来源。常用青贮原料禾本科的有玉米、黑麦草、无芒雀麦；豆科的有苜蓿、三叶草、紫云英；其他根茎叶类有甘薯、南瓜、苋菜、水生植物等。为了保证青贮质量，青贮原料的选择要注意以下事项。青贮原料的含糖量要高。含糖量是指青贮原料中易溶性碳水化合物的含量，这是保证乳酸菌大量繁殖，形成足量乳酸的基本条件。青贮原料中的含糖量至少应为鲜重的 1%～1.5%。应选择植物体内碳水化合物含量较高，蛋白质含量较低的原料作为青贮的原料。如禾本科植物、向日葵茎叶、块根类原料，均是含碳水化合物高的种类。而含可溶性碳水化合物较少、含蛋白质较多的原料，如豆科植物和马铃薯茎叶等原料，较难青贮成功，一般不宜单贮，多采用将这类原料刈割后预干到含水量达 45%～55% 时，调制成半干青贮。青贮原料必须含有适当的水分。适当的水分是微生物正常活动的重要条件。水分过低，影响微生物的活性，另外也难以压实，造成好气性菌大量繁殖，使饲料发霉腐烂；水分过多，糖浓度低，利于乳酸菌的活动，但易结块，青贮品质变差，同时植物细胞液汁流失，养分损失大。对于水分过多的饲料，应稍晾干或添加干饲料混合青贮。青贮原料含水量达 65%～75% 时，最适乳酸菌繁殖。豆科牧草含水量以 60%～70% 为宜；质地粗硬原料的含水量以 78%～80% 为好；幼嫩、多汁、柔软的原料含水量以 60% 为宜。青贮类饲料以其易保存和易获取的特点受到广泛应用，可作为牛的主要饲料，但青贮类饲料含较多的有机酸，有轻泻作用，开始要让家畜逐渐习惯口味。每次取用后应该立即密封，尽量减少其与空气接触。品质优良的青贮类饲料的主要营养品质与其青贮原料相接近，主要表现为青贮类饲料具有良好的适口性，其反刍动物的采食量、有机物质消化率和有效能值均与青贮原料相似，青贮类饲料的维生素含量和能量水平较高，营养品质较好。青贮类饲料是草食动物的基础饲料，其喂量一般以不超过日粮的 30%～50% 为宜。

图 2-2　青贮饲料

（资料来源：新乐市君源牧业有限公司）

四、能量饲料和蛋白质饲料

此类饲料容积小、可消化利用的养分含量高、干物质中的粗纤维含量低

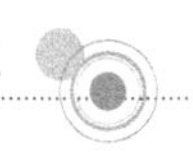

于18%，又称为精饲料，分为能量饲料和蛋白质饲料。能量饲料是指干物质中粗纤维含量小于18%，而粗蛋白质含量小于20%的谷物籽实及加工副产品、脱水块根块茎、液态糖蜜、动物脂肪、植物油等。其特点是：干物质中无氮浸出物含量为70%～80%，消化率高；脂肪含量除米糠（15%）外较低，为2%～5%；钙和可利用磷含量低，总磷含量高；维生素B_1和维生素E含量丰富，维生素E随能量饲料贮存时间的延长而损失较大，除黄玉米外，缺胡萝卜素及维生素D。而蛋白质饲料是指干物质中粗蛋白质含量大于或等于20%，而粗纤维含量小于18%的饲料。主要包括植物性蛋白质饲料、动物性蛋白饲料、微生物蛋白饲料及工业合成产品等。植物性蛋白质饲料多为豆类植物榨油后的下脚料，如豆饼（粕）、棉籽饼（粕）、菜籽饼（粕）、花生饼（粕）、亚麻（胡麻）饼等。

1. 谷实类饲料

干物质中粗纤维含量低于18%，同时粗蛋白质含量低于20%者，按国际饲料分类法属能量饲料，如玉米（图2-3）、玉米油等。

图2-3　玉米

2. 糠麸类饲料

饲料干物质中粗纤维含量小于18%，粗蛋白质含量小于20%的各种粮食加工副产品，如小麦麸（图2-4）、米糠、米糠油、玉米皮等。按国际饲料分类法多属能量饲料。但有些粮食加工后的低档副产品或在米糠中人为掺有没有实际营养价值的稻壳粉的“统糠”，其干物质中的粗纤维含量多数大于

18%，按国际饲料分类法属于粗饲料，又如用杵臼加工稻谷后生成的稻壳、米糠和碎米的混合物也属于粗饲料。

图 2-4　小麦麸

3. 豆类饲料

豆类籽实干物质中粗蛋白质含量在 20% 以上，粗纤维含量在 18% 以下者，如大豆、黑豆等均属于豆类饲料中的蛋白质饲料。但也有个别的豆类籽实的干物质中粗蛋白质含量在 20% 以下的，如广东的鸡子豆和江苏的爬豆则不属于豆类中的蛋白质饲料，而应属于豆类中的能量饲料。

4. 饼粕类饲料

大部分饼粕类都是蛋白质饲料。目前，大豆饼（粕）是使用量最大的植物性蛋白质饲料。然而，干物质中粗纤维含量大于或等于 18% 的饼粕类，即使其干物质中粗蛋白质含量大于或等于 20%，根据国际饲料分类法仍被归类为粗饲料。一些例子包括含有较多壳的向日葵籽饼和棉籽饼。此外，还存在一些低蛋白质、低纤维的饼粕类饲料，如米糠饼、玉米胚芽饼等。尽管它们也是饼粕类饲料，但其中粗蛋白质含量低于 20% 的则被归类为能量饲料。

5. 糟渣类饲料

在糟渣类饲料中，干物质中粗纤维含量大于或等于 18% 者应归入粗饲料；干物质中粗蛋白质含量低于 20%，而粗纤维含量也低于 18% 者，则属于糟渣类中的能量饲料，如优质粉渣、醋渣、酒渣皆属此类。干物质中粗蛋白

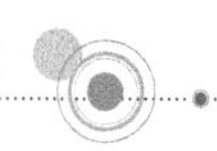

质含量大于或等于 20%、而粗纤维含量小于 18% 者，则属于糟渣类饲料中的蛋白质补充料。糟渣类饲料主要包括淀粉渣、酒糟（图 2–5）、粉渣、豆腐渣和酱油渣等。糟渣类饲料的共有特点是水分含量高，不便运输和贮存。

图 2–5　酒糟

6. 油脂类饲料及其他

是以补充能量为目的，用植物或其他有机物质为原料经压榨、浸提等工艺制成的饲料。

五、维生素饲料

维生素饲料包括工业合成或提纯的单一或复合维生素制品，分为脂溶性维生素饲料（如维生素 A、维生素 D、维生素 E、维生素 K）和水溶性维生素饲料（如维生素 C 和 B 族维生素）。

脂溶性维生素不溶于水，而易溶于脂肪及脂溶性溶剂，如乙醚、氯仿等。维生素 A 有关的主要产品有维生素 A 醋酸脂、维生素 A 棕榈酸酯等，其性质不稳定，需加抗氧化剂和稳定剂为辅料制成微粒且应避光密封保存。维生素 D 的商品以维生素 D_3 油为原料，配以适量的抗氧化剂和稳定剂，并以明胶和淀粉等辅料经喷雾法制成微粒，其与维生素 A 制品相似，但抗氧化力较强，且在稀释剂中贮存较为稳定，在预混料中贮存效价损失较大。维生素 E 的产品有 DL-α- 生育酚醋酸脂，但其极易被空气中的氧气氧化，并易水解变质，故未经包被处理活性损失很快，包被处理后在预混料中储存 3～4 个月，全价料中储存 6 个月。常用的维生素 K 产品为人工合成的维生素 K_3，即甲萘醌，对氧化、碱、强酸、光和辐射不稳定，预混料中水、微量元素及酸都能破坏维生素 K。

水溶性维生素饲料大多易溶于水，种类较多，但其结构和生理功能各异。在体内主要以辅酶或辅基的形式参与物质代谢。水溶性维生素主要包含（9 种）：维生素 B_1（硫胺素）、维生素 B_2（核黄素）、维生素 B_3（烟酸）、维生素 B_4（胆碱）、维生素 B_5（泛酸）、维生素 B_6（吡哆醇）、维生素 B_{11}（叶酸）、维生素 H（生物素）、维生素 C（抗坏血酸）等。该类维生素制品的外观一般为白色、黄色或淡黄色结晶性粉末（胆碱除外），当以单体存在时，性质一般较稳定（维生素 C 除外），但当以复合体存在或与微量元素混合时，性质不稳定，容易被破坏。

六、添加剂类饲料

添加剂类饲料包括营养性添加剂和非营养性添加剂。前一种常见的有维生素、微量元素、氨基酸等，后一种有抗生素、缓冲剂、促生长性添加剂等。为了补充营养物质，提高饲料利用率，保证或改善饲料品质，防止饲料质量下降，促进生长繁殖、动物生产，保障动物的健康而掺入饲料中的少量或微量营养性及非营养性物质，如防腐剂、促生长剂、抗氧化剂、饲料黏合剂、驱虫保健剂、流散剂及载体等。目前在我国饲料工业中常将用于补充氨基酸为目的的工业合成赖氨酸、蛋氨酸、色氨酸等均归入这一类。

1. 微量元素添加剂

包括铜、铁、锌、钴、锰、碘、硒、钙、磷等，具有调节机体新陈代谢，促进生长发育，增强抗病能力和提高饲料利用率等作用。

2. 氨基酸添加剂

包括赖氨酸、蛋氨酸、谷氨酸等 18 种氨基酸。

3. 抗生素添加剂

包括土霉素、金霉素、新霉素、盐霉素添加剂等。

4. 驱虫保健饲料添加剂

包括安宝球净、克球粉等。

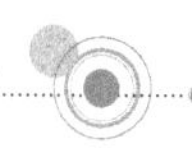

5. 防霉添加剂或饲料保存剂

由于米糠等精饲料含油脂率高，存放时间久易氧化变质，添加乙氧喹啉等，可防止饲料氧化，添加丙酸、丙酸钠等可防止饲料霉变。

6. 中草药饲料添加剂

包括大蒜、艾粉、松针粉、芒硝、党参叶、麦饭石、野山植、橘皮粉、刺五加、苍术、益母草等。

7. 缓冲饲料添加剂

包括碳酸氢钠、碳酸钙、氧化镁、磷酸钙等。

8. 饲料调味性添加剂

包括谷氨酸钠、食用氯化钠、枸橼酸、乳糖、麦芽糖、甘草等。

9. 酸化剂添加剂

包括柠檬酸、延胡索酸、乳酸、乙酸、盐酸、磷酸及复合酸化剂等。

第二节　饲料加工技术

饲料的精细加工是奶公牛养殖过程中一项重要的工作内容。不论哪种原料，都要经过必要的粉碎，按照科学配方合理地进行充分混合。另外，也可采用制粒、压扁、膨化等方式加工。

一、饲料原料加工工艺

1. 压片

压片技术分为两种，一种是干碾压片，该法主要用于对玉米、高粱等饲料的加工，借助碾棍将谷物碾压成碎片。另一种则是蒸汽压片，该法常用于对谷物的加工，利用蒸汽处理谷物，促使其水分下降至20%左右，再利用压棍压片。干碾压片和蒸汽压片相比，蒸汽压片加工效果更好，利用蒸汽实现对淀粉分子结构的处理，促使其易于被酶分解，提高消化率。不仅如此，利用蒸汽压片技术所加工的饲料，能够增加饲料非淀粉类有机物的营养价值，更好地满足奶公牛生长需求。对饲料压片加工后，可降低奶公牛料肉比，增加日增重，但需注意在应用该技术的过程中要严格控制好压片密度。

2. 挤压

挤压加工指的是将干燥的谷物通过挤压的方式，提升谷物温度，并将其

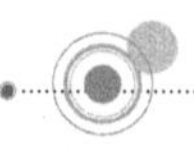

挤压成为带状薄片。在应用挤压技术的过程中，能够将多种饲料混合碾压，加工出较高质量的饲料。

3. 烘烤

烘烤加工是指在烤炉内加入谷物类精饲料，然后通过旋转滚筒的方式来对其加热，最终输出加工后的精饲料。烘烤加工后的精饲料，带有焦糖味，能够提升饲料的适口性及营养价值，有利于提高奶公牛的生长发育速度。

4. 爆花

爆花是指在机器内放入干燥的谷物饲料，在高温下促使淀粉微粒扩张，提升饲料的饲喂效果，在爆花的过程中可以加入适量的水，该法类似于嘣爆米花。

5. 水浸泡

水浸泡是指将粗饲料浸泡在水中一定时间，以软化纤维、增加湿度的加工工艺。通过水浸泡使饲料吸水膨胀，降低硬度，改善口感，提高牛只对饲料的消化利用率。浸泡时间、水温和饲料种类是影响浸泡效果的重要因素，而定期检查水位和饲料状态则有助于确保浸泡效果最大化。

6. 压块

压块是指借助压块机将玉米秸秆等粗饲料压制成为高密度饼块，缩小饲料体积，更加有利于储存。新鲜玉米秸秆压块需要烘干，然后再压块，避免在储存时出现腐烂发霉等现象。在压块时，可以适当加入一些碱性物质、尿素等，在高温及压力作用下促使秸秆氨化、碱化，提升饲料粗蛋白质含量，同时也更加有利于消化。

7. 磨粉

磨粉是指粉碎玉米秸秆等粗饲料成为草粉，再进行发酵。该技术的应用可在一定程度上解决冬春季节饲草短缺的问题。需要注意在应用该技术的过程中，作物秸秆水分应控制在 15% 以下。

8. 膨化

膨化加工是指采用生化 + 物理技术进行加工，借助螺杆挤压技术，在膨化机当中放入玉米秸秆，并在螺杆螺旋的推动下，促使玉米秸秆等粗饲料和机筒内部产生剧烈摩擦、挤压、搅拌、剪切、细化等，在巨大的摩擦及压力下，机械内温度升高，饲料由粉状转变为糊状，糊状饲料从膨化机的模孔喷出，在巨大压力差的作用下，饲料产生膨化、降温并最终形成膨化物，这些饲料结构疏松，具备更高的适口性。不仅如此，在膨化的过程当中，在高温影响下能够杀灭其中的病菌、虫卵及微生物，可以更好地保证饲料质量及营

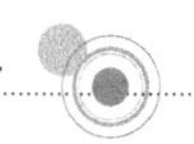

养价值，更加有利于贮存。

9. 热喷

热喷技术类似于膨化技术，在热喷装置中放入玉米秸秆等粗饲料，注入适量的饱和水蒸气，对粗饲料高温高压处理，再进行降压，处理后的粗饲料内部及化学成分发生了变化，具备了更高的营养价值。

10. 制粒

制粒技术是指将粗饲料晒干后再粉碎，在粉碎过程中加入适量饲料添加剂，然后借助颗粒饲料机将其制作成为颗粒性饲料，加工时饲料在摩擦下产生高温，秸秆熟化。制作的颗粒饲料，适口性良好，营养价值高，能够很好地满足肉牛生长需求。

二、饲料加工调制技术

（一）青贮饲料加工调制技术

青贮饲料是通过将牧草在密封、缺乏氧气的环境中进行压实，然后经过乳酸菌发酵的过程制作而成。以下为青贮制备过程中的主要阶段。

（1）压实密封阶段。牧草在采摘后被紧密地压实并进行密封处理，形成了一个缺乏氧气的环境。这有助于创建一个适合乳酸菌发酵的条件。

（2）乳酸菌发酵阶段。在密封的环境中，乳酸菌开始发酵糖类，产生二氧化碳。二氧化碳进一步排出空气，确保发酵过程在无氧条件下进行。

（3）酸性环境形成。乳酸的分泌使得饲料呈现弱酸性，通常 pH 值在 3.5～4.2。这个酸性环境有助于有效地抑制其他有害微生物的生长。

（4）乳酸自抑制。乳酸菌通过产生乳酸，最终抑制了自身的生长。这个阶段标志着发酵过程的结束，饲料进入稳定储藏状态。

在青贮饲料的制作过程中，常用的原料包括禾本科植物，如玉米、黑麦草、无芒雀麦；豆科植物，如苜蓿、三叶草、紫云英，以及其他根茎叶类植物，如甘薯、南瓜、苋菜、水生植物等。

青贮通常根据植物材料的水分含量，发酵程度以及是否添加了特定的添加剂进行分类。青贮分类如下：

（1）一般青贮。是将原料切碎、压实、密封，在厌氧环境下使乳酸菌大量繁殖，从而将饲料中的淀粉和可溶性糖变成乳酸。当乳酸积累到一定浓度后，便抑制腐败菌的生长，将青绿饲料中的养分保存下来。

（2）半干青贮（低水分青贮）。原料水分含量低，使微生物处于生理干燥状态，生长繁殖受到抑制，饲料中微生物发酵弱，养分不被分解，从而达到保存养分的目的。该类青贮由于水分含量低，其他青贮条件要求不严格，故较一般青贮扩大了原料的范围。

（3）添加剂青贮。是在青贮时加入特定添加剂从而影响青贮的发酵作用。如添加各种可溶性碳水化合物、接种乳酸菌、加入酶制剂等，可促进乳酸发酵，迅速产生大量的乳酸，使 pH 值很快达到要求（3.8～4.2）；或加入各种酸类、抑菌剂等，可抑制腐败菌等不利于青贮的微生物的生长，例如黑麦草青贮可按 10 g/kg 比例加入甲醛 / 甲酸（3∶1）的混合物；或加入尿素、氨化物等可提高青贮饲料的养分含量。这样可提高青贮效果，扩大青贮原料的范围。

青贮饲料制作包括以下几个工序。

（1）收割。原料要适时收割，饲料生产中以获得最多营养物质为目的。收割过早，原料含水多，可消化营养物质少；收割过晚，纤维素含量增加，适口性差，消化率降低。

（2）玉米秸的采收。全株玉米青贮，一般在玉米籽乳熟期采收。收果穗后的玉米秸，一般在玉米棒子蜡熟至 70% 完熟时，叶片尚未枯黄或玉米茎基部 1～2 片叶开始枯黄时立即采摘玉米棒，采摘玉米棒的当日，最迟次日将玉米茎秆采收制作青贮。

（3）牧草的采收。豆科牧草一般在现蕾至开花始期刈割青贮；禾本科牧草一般在孕穗至刚抽穗时刈割青贮；甘薯藤和马铃薯茎叶等一般在收薯前 1～2 日或霜前收割青贮。幼嫩牧草或杂草收割后可晾晒 3～4 h（南方）或 1～2 h（北方）后青贮，或与玉米秸等混贮。

（4）切碎。为了便于装袋和贮藏，原料须经过切碎。玉米秸、串叶松香草秸秆或菊苣的秸秆青贮前均须切碎到长 1～2 cm，青贮时才能压实。牧草和藤蔓柔软，易压实，切短至 3～5 cm 青贮，效果较好。

（5）加入添加剂。原料切碎后立即加入添加剂，目的是让原料快速发酵。可添加 2%～3% 的糖、甲酸（每吨青贮原料加入 3～4 kg 含量为 85% 的甲酸）、淀粉酶和纤维素酶、尿素、硫酸铵、氯化铵等铵化物等。

（6）装填贮存。通常可以用塑料袋和窖藏等方法。装窖前，底部铺 10～15 cm 厚的秸秆，以便吸收液汁。窖四壁铺塑料薄膜，以防漏水透气，装时要踏实，可用推土机碾压，人力夯实，一直装到高出窖沿 60 cm 左右，即可封顶。封顶时先铺一层切短的秸秆，再加一层塑料薄膜，然后覆土拍实。

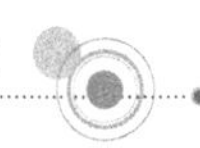

四周距窖 1 m 处挖排水沟，防止雨水流入。窖顶有裂缝时，及时覆土压实，防止漏气漏水。袋装法须将袋口张开，将青贮原料每袋装入专用塑料袋，用手压和用脚踩实压紧，直至装填至距袋口 30 cm 左右时，抽气、封口、扎紧袋口。

（二）饲料氨化加工

氨化饲料是切碎的秸秆装入窖内或堆放成垛后通入氨气或喷洒氨水密封保存 1 周以上制成的饲料。氨化饲料就是用尿素、碳酸氢铵或氨水溶液等含无机氮物质与植物秸秆混合后密闭，进行氨化处理，以提高秸秆的消化率、营养价值和适口性。秸秆粉碎切成 2～4 cm 长，按每 50 kg 秸秆用 3～4 kg 尿素、0.4 kg 食盐，溶于 50 kg、40℃的温水中，搅拌，将溶液泼洒在秸秆中拌匀，装入水泥池，踩实压紧，直至高出池壁 50 cm，用大塑料布盖好，用湿土密封固定，在 20℃温度下经 4 周氨化即成。

尿素氨化：即利用尿素做氨源，采取堆垛或氨化池等方式氨化饲料。其操作步骤如下：①若采用地面堆垛法氨化，应选择平坦场地，并铺好塑料薄膜；若采用氨化池氨化，须提前用水泥砌好池子。②将风干的秸秆用铡草机铡短，若用堆垛法，则无须铡短。③每 100 kg 秸秆用尿素 4～5 kg 加水 60～70 L 配成溶液喷洒并充分搅拌均匀，然后装入氨化池或堆垛，踏实，用塑料薄膜密封，四周用土封严，确保不漏气。④气温 30℃以上时，经 7 d 即可开封；气温 20～30℃时，经 10 d 开封；气温 10～20℃时，经 20 d 开封；气温 0～10℃时，经 30 d 才能开封饲喂。开封后要让饲料通风 10～24 h，以散发氨气，再用于饲喂。

碳铵氨化：其方法与尿素氨化相同，只是用量有所差别，一般每 100 kg 风干秸秆可用碳铵 8～12 kg。

氨水氨化：用氨水氨化秸秆，须提前备好氨水。若氨水含氮量为 15%，每 100 kg 风干秸秆用 15 kg 氨水即可。同时，根据秸秆含水量，将氨水稀释 3～4 倍，即每 100 kg 风干秸秆加入 60～70 kg 稀释好的氨水，经充分搅拌均匀后，便可堆垛或装池密封。

（三）湿贮玉米

湿贮玉米又称高水分玉米，具有能量高、消化率高、适口性好、性价比高的特点。与玉米粉和压片玉米一样都属于能量饲料，在饲料配方中一般可全部或部分替代精料中的玉米粉或压片玉米。湿贮玉米的最佳收获时机是在玉米籽粒出现黑层后开始进行收获，时间窗口介于全株青贮玉米收获后和籽粒直收开始前，一般玉米粒的水分在25%～35%时为最佳湿贮玉米收获期。淀粉是玉米能量组成的关键，然而玉米籽粒有种皮包裹，从而阻碍了瘤胃微生物对淀粉的接触。将种皮及籽粒破碎成颗粒后，瘤胃微生物可以更大范围接触到淀粉，从而获取籽粒的能量。籽粒的粉碎粒度目标是50%的籽粒通过4.75 mm筛，25%的籽粒通过1.18 mm筛，4.75 mm筛上部分不超过50%，小于0.6 mm筛的部分不超过20%。湿贮玉米因为糖分较低，淀粉含量较高，因此制作时，需要添加促进发酵的添加剂，同时必须考虑饲喂中的潜在发热现象，可以添加抑制开窖后酵母菌繁殖的布氏乳酸杆菌产品。存贮方式分为压窖式、香肠式和裹包式，其中压窖式较为常见，可用50铲车压窖，铲车轮胎须清洗消毒，压窖的方式与全株玉米青贮差别不大。湿贮玉米每铺15 cm厚进行压实，籽粒湿贮压窖密度至少为每立方米1 000 kg，含芯湿贮压窖密度至少为每立方米800 kg。湿贮玉米未与空气接触的条件下，可长期保存，但应注意定期维护。一般湿贮玉米经过45 d的发酵后营养基本稳定，可以开始饲喂。如果急于饲喂，至少需要30 d才能开始饲喂，以保证发酵完成，pH值达到稳定。为了提高淀粉的消化率，可以在贮藏4～7个月后开始饲喂，以提高淀粉的瘤胃消化率。

（四）全混合日粮饲料加工技术

全混合日粮（Total Mixed Ration，TMR），指根据不同生长发育阶段奶公牛的营养需求，采用科学配方，用特制的TMR饲料搅拌机对日粮各组分进行科学的混合，供牛只自由采食的日粮。

目前，TMR搅拌机类型多样，功能各异。从搅拌方向区分，可分立式和卧式两种；从移动方式区分，分为自走式、牵引式和固定式3种。

1. 选择适宜的TMR搅拌机

（1）固定式。主要适用于养殖小区、小规模散养户集中区域。

（2）移动式。多用于新建场或适合TMR设备移动的已建牛场。

（3）立式和卧式搅拌车。立式搅拌车与卧式相比，草捆和长草无须另外加工；相同容积的情况下，所需动力相对较小；混合仓内无剩料等。

2. 选择适宜的容积

（1）容积计算的原则。选择合适尺寸的TMR混合机时，主要考虑：牛只干物质采食量、分群方式、群体大小、日粮组成和容重等。以满足最大分群日粮需求，兼顾较小分群日粮供应。同时考虑将来规模发展，以及设备的耗

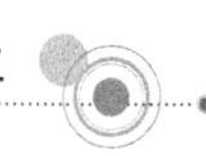

用，包括节能性能、维修费用和使用寿命等因素。

（2）正确区分最大容积和有效混合容积。容积适宜的 TMR 搅拌机，既能完成饲料配制任务，又能减少动力消耗，节约成本。TMR 混合机通常标有最大容积和有效混合容积，前者表示混合机内最多可以容纳的饲料体积，后者表示达到最佳混合效果所能添加的饲料体积。有效混合容积等于最大容积的 70%～80%。

（3）测算 TMR 容重。测算 TMR 容重有经验法、实测法等。日粮容重跟日粮原料种类及含水量等有关。常年均衡使用青贮饲料的日粮，TMR 日粮水分相对稳定到 50%～60% 比较理想，每立方米日粮的容重为 275～320 kg。讲究科学、准确则需要正确采样和规范测量，从而求得单位容积的容重。

3. 合理设计 TMR 来满足牛只的需求

（1）TMR 类型。根据营养需要，考虑 TMR 制作。

（2）TMR 营养。TMR 跟精粗分饲营养需求一样，可依据各阶段奶公牛的营养需要，搭配合适的原料。

（3）TMR 的原料。充分利用地方饲料资源；积极储备外购原料。

（4）TMR 推荐比例。青贮 40%～50%、精饲料 20%、干草 10%～20%、其他粗饲料 10%。

4. 正确运转 TMR 搅拌设备

（1）建立合理的填料顺序。填料顺序应借鉴设备操作说明，参考基本原则，兼顾搅拌预期效果来安排合理的填料顺序。①基本原则：先长后短，先粗后精，先干后湿，先轻后重。适用情况：各精饲料原料分别加入，提前没有进行混合；干草等粗饲料原料提前已粉碎、切短；参考顺序：谷物—蛋白质饲料—矿物质饲料—干草（秸秆等）—青贮—其他。②适当调整：当按照基本原则填料效果欠佳时，当精饲料已提前混合一次性加入时，当混合精料提前填入易沉积在底部难以搅拌时，当干草没有经过粉碎或切短直接填加时，填料顺序可适当调整：干草—精饲料—青贮—其他。

（2）设置适合的搅拌时间。生产实践中，为节省时间提高效率，一般采用边填料边搅拌，等全部原料填完，再搅拌 3～5 min 为宜。确保搅拌后日粮中大于 3.5 cm 的长纤维粗饲料（干草）占全混合日粮的 15%～20%。

第三章
奶公牛普通育肥技术

▼

国家统计局的官方调查数据显示，我国2023年牛肉产量达到753万t。随着人们生活水平的提高，受消费需求增加的影响，将刺激牛肉需求量持续上涨，中国预计将成为世界上经济增长速度最快的国家之一，未来10年将增加1.89亿个中产家庭，这意味着对肉类、乳制品及其副产品需求将不断增加。

近几年来，随着肉牛产业牛源紧张的矛盾日益加剧，肉牛产业对荷斯坦公犊的关注日益增加。对奶公牛养殖场而言，为了追求养殖利润最大化，也开始关注奶公犊肉用培育生产。奶公牛高效低成本生产优质牛肉育肥技术的研发与推广，对提高荷斯坦犊牛养殖福利，促进与国际接轨的食品安全追溯系统和牛场信息化管理技术的应用具有重要意义。

第一节　肉牛直线育肥技术

一、肉牛直线育肥技术概述

直线育肥也叫持续强度育肥，是指犊牛断奶后不经过“吊架子”，而直接转入生长肥育阶段。采用舍饲与TMR饲喂方法，使犊牛始终保持较高日增重，直到达到屠宰体重为止。犊牛90～100日龄，将其与母牛分栏饲养，达到断奶目的。断奶后多采用异地饲养，先进行训饲。除饲喂青贮饲料外，每头犊牛添加150 g犊牛配合饲料，逐日减少。一般10～14日龄可适应环境和饲料，然后过渡到育肥日粮，并且将月龄相同的育肥牛放入同一育肥栏，进入育肥期。12～18月龄出栏时，育肥犊牛体重为400～500 kg。

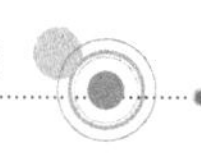

二、肉牛直线育肥与架子牛育肥技术比较

在肉牛生产过程中，由于营养的供给方式或营养模式不同，有两种不同模式，一是根据生长和增重的营养需要平衡供给，也称直线供给；二是由于季节和饲料资源等原因无法做到直线供给，可采用跌浪式，即某一时间段无法按照正常生长需要供给而使增重受到一定的限制，前者称直线育肥技术，后者称后期集中育肥技术（也称架子牛育肥技术）。

（一）直线育肥技术与传统育肥技术比较

1. 直线育肥技术

直线育肥的主要特点在于饲料利用率高，同时在整个育肥期需保持较高的营养水平，因此，该方法适用于对饲料利用率高的专门化肉牛品种。这些品种的肉牛能在生长阶段保持较高的增重，加上饲养期短，饲料总效率高，而且该法生产的牛肉鲜嫩，可获得较高的售价，是一种很有推广价值的育肥方法。

肉牛直线育肥可分为 3 个阶段：育肥前期、育肥中期和育肥后期，按照不同育肥阶段配制各种日粮。育肥前期为 60 d，预期体重达 200 kg，预期日增重 700 g/d 以上。平均进食干物质 4.5 kg/d，日粮中粗料与精料比为 13：7，粗蛋白质含量 13%。育肥中期始于 3～6 月龄，可定为 150 d。预期体重达 350 kg，预期日增重 1 000 g/d 以上。平均进食干物质 6.0 kg/d，日粮中粗料与精料比为 11：9，粗蛋白质含量 12%。育肥 100～130 d 后，预期体重达 450 kg 以上。预期日增重 1.2 kg/d 以上。平均进食干物质 8.5 kg/d，日粮中粗料与精料比为 2：3，粗蛋白质含量 11%。

2. 架子牛育肥

架子牛育肥是我国目前肉牛生产的主要形式，具有良好的经济效益，为市场提供大量的优质牛肉，架子牛育肥周期短且见效快，是农牧区养牛户致富的主要途径之一；架子牛育肥可以充分利用青粗饲料和食品加工副产品资源，促进农牧业的种植—养殖良性循环。

育成牛“吊架子”阶段的饲养目标是在 15～18 月龄体重达 300～350 kg 或 20 月龄体重达 400 kg，日增重 0.6～0.8 kg/d，平均饲喂精料 1.5～2.5 kg/d。6 月龄进入“吊架子”阶段，在 15 月龄达到 320 kg，分 3 阶段投放精饲料，6～8 月龄为每天 1.5 kg 精料，9～12 月龄为每天 2.0 kg 精料，13～15 月龄为每天 2.5 kg 精料。

架子牛育肥可分为 3 个阶段：育肥前期（大约需 15 d）：主要以青贮玉米秸秆为粗饲料。青贮玉米秸秆自由采食，饮水供应充足，从第 2 天开始逐渐加喂精料，可以将混合精料按体重的 0.8% 投喂，平均每天投喂约 1.5 kg。育肥中期（大约需 30 d），合理搭配精粗饲料，每天早晚各饲喂 1 次，每天喂精料 4～5 kg，喂后 2 h 饮水。育肥后期（大约需 45 d），日粮以精料为主，精料的饲喂量可占整个日粮总量的 70%～80%，按体重 1.5%～2.0% 喂料，每天饲喂精料 5～6 kg，适当增加每天的饲喂次数，并保证充足供应饮水。

（二）直线育肥技术优势

奶公犊牛断奶后的直线育肥，就是依据肉牛生长和增重规律，给予平衡的营养，一直保持很高的日增重直到出栏，也称持续强度育肥。与后期集中育肥相比，肉牛直线育肥的优点是缩短了生产周期，较好地提高了出栏率，改善了肉质，降低了肉牛饲养生产的整体成本，提高了奶牛及肉牛生产者的经济效益。

为获得同等的出栏体重，后期集中育肥（架子牛育肥）比直线育肥多消耗饲料 150 kg，而且延迟了 5 个月出栏。但对从事育肥牛生产的牛场（养殖户）来说，仅从育肥生产上考虑，架子牛育肥 7 个月，消耗 1 146 kg 饲料粮获得 240 kg 体重，料重比 4.8，直线育肥 12 个月，消耗 1 596 kg 饲料粮，获得 360 kg 体重，料重比 4.4。架子牛育肥比直线育肥的牛源培育消耗较多的饲料，吊架子期需要消耗全程饲料的 22.5%，牛源培育占全程的 51.3%，而直线育肥的牛源培育需要消耗 27.5%，比后期集中育肥的架子期培育稍高。

三、直线育肥技术挑战与应对

（一）挑战

营养管理：直线育肥要求肉牛快速增重，这需要提供高能量、高蛋白质的饲料，易导致消化问题，如酸中毒和肝脏脂代谢异常、肝脏脂肪沉积等。

健康问题：快速增重可能会引起肉牛关节疾病、心脏问题和呼吸障碍等健康问题。摄入过量易发酵的碳水化合物，导致瘤胃 pH 值降低，从而引发酸中毒。

福利问题：肉牛在高密度的饲养环境中，可能会出现行为和福利问题，如应激、攻击性行为和运动不足等。

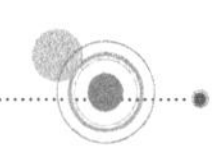

环境影响：密集养殖产生的废物处理、温室气体排放以及对水资源造成压力，肉牛养殖产生的甲烷排放是导致全球温室效应的重要因素之一。密集养殖对粪污及气体废弃物处理都提出了更高的要求。

消费者偏好：消费者对肉质品质和养殖方式的关注可能影响直线育肥肉牛的市场接受度。同时，肉牛市场价格波动将直接影响肉牛育肥成本。

（二）应对策略

精细化饲料管理：开发平衡营养的饲料配方，以满足肉牛的快速生长需求，同时减少健康风险。定期监测肉牛的健康状态，及时调整饲料配方。

健康监测与预防：定期进行健康检查，预防和及时治疗肉牛可能出现的疾病。采用适当的药物和保健措施，提高肉牛的整体健康水平。

提升养殖福利：改善养殖环境，确保肉牛有足够的活动空间和适当的社交接触。减少应激因素，提升肉牛的整体福利水平。

环境友好的养殖实践：采用可持续的废物管理系统，减少对环境的影响。利用可再生能源和节水技术，降低养殖的环境足迹。

市场风险管理：密切关注市场动态，灵活调整育肥计划。利用期货市场等工具对冲价格风险。

提高产品品质与营销：通过改善育肥技术和饲养管理，提高肉质品质。加强与消费者的沟通，宣传育肥过程中的质量控制和福利措施，提高市场接受度。

第二节　奶公牛的直线育肥技术

一、奶公牛直线育肥技术概述

奶公牛直线育肥技术是指奶公犊牛在断奶后直接转入育肥阶段，不需要吊架，利用奶公犊生长速度快、育肥成本低的优势，直接给予高水平的营养，提高奶公犊牛的附加值，达到快速育肥的目的。采用奶公犊牛直线育肥技术可以有效利用奶牛繁育生产的小公牛，扩大了育肥牛的牛源，提高了饲料利用率，降低了养殖成本，缩短了养殖周期。

据我国农业农村部和欧盟专家对奶量分析的数字估计，到2030年，我国奶牛存栏量将达1 500万头以上，假如这些母牛全部能正常产犊，每年将有同样数量的犊牛出生，按照公、母犊比例为 1：1，则每年可生产 750 万头奶公犊，资源是很庞大的。虽然我国一直有收购淘汰奶公牛做肉用牛的习惯，但淘汰奶公牛很多都是不经过育肥就屠宰，经常出现屠宰率低、产肉率低、肉质差、经济效益差等现象。以上种种因素导致淘汰奶公牛与奶公犊在我国的利用现状堪忧，使得奶公牛业与肉牛业未能很好结合，而是相对独立发展。同时我国肉牛市场面临着牛肉短缺的危机，寻找牛源成为重中之重。近几年，育肥奶公犊成为专家学者们的研究重点，通过学习和借鉴国外在淘汰奶公牛、奶公犊利用方面的先进科学技术，向奶公牛要肉，形成一套完善的且适合我国淘汰奶公牛与奶公犊育肥的饲养管理和育肥制度，奶公牛经过短期集中育肥后再屠宰，可提高屠宰率和净肉率，促进其肌内脂肪的沉积，改善肉品质，最终提高饲养者的养殖效益，让更多的饲养者愿意饲养。这样不但能为淘汰奶公牛与奶公犊找到出路，节约奶公牛资源，而且还能有效增加我国的牛肉产量，特别为提高高档牛肉的产量贡献力量，最终实现奶公牛产业和肉牛产业的有效结合，达到“双赢”的目的。

二、奶公牛特点

中华人民共和国农业行业标准《荷斯坦牛公犊育肥技术规程》（NY/T 3798—2020）将奶公犊定义为出生至 6 月龄的荷斯坦品种公牛。奶公牛作为育肥牛中的特殊群体，与一般肉牛相比，平均质量等级更理想，然而相较于肉牛，红肉产量少 2%～12%，其原因是其骨骼与肌肉、内部脂肪、器官大小和胃肠道重量的比例更大。相较而言，娟姗牛胴体的重量更轻，荷斯坦牛胴体更重。此外，荷斯坦牛的胴体比肉牛品种的胴体更长，可能为肉品包装带来不便。一些奶公牛场正在实施肉牛 × 奶公牛杂交策略，以增加奶公牛犊产生的收入，而肉牛 × 奶公牛杂交策略也可以提高奶公牛群牛肉的饲料效率和红肉产量。

三、奶公牛直线育肥技术的适应性与必要性

（一）适应性

肉牛产业发达国家的发展经验和做法为肉牛的分类提供了重要的借鉴。按照日本肉牛等级标准，奶公牛能生产出 B-3 级雪花牛肉，日本国产牛肉中

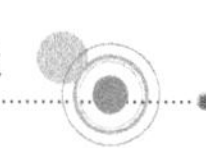

1/4 是奶公牛肉。很明显，日本将杂交牛和奶公犊牛均归类到肉用牛中，而淘汰奶公牛并不是肉牛的组成部分。不只是日本，奶公犊牛归属于肉牛是大部分肉牛产业发达国家的普遍做法，欧盟是目前奶公犊牛肉的世界主产区和主要消费区，欧盟国家中 30% 以上的牛肉产自奶公犊牛，荷兰的范德利集团每年奶公犊牛屠宰量大于 140 万头；美国每年有 200 万头以上的奶公犊牛用于生产牛肉；新西兰每年有 70 万头以上的奶公犊牛用于生产牛肉。

奶公牛育肥在全国已经非常普遍，经济合作与发展组织（Organization for Economic Cooperation and Development，OECD）和中国农业农村部调查表明，全国奶公犊的育肥利用率为 54%，奶公牛已经成为中国牛肉供给的重要组成部分。针对奶公牛育犊、育肥以及牛肉生产和消费的研究日益增多，其中直线育肥技术研究表明，在奶公牛的不同生长阶段经过不同方式的专业化育肥，可以生产高档小牛肉、雪花牛肉和高品质成牛肉等多个高档牛肉品种。在当前我国农业供给侧结构性改革的大背景下，食品需求正在逐渐由数量满足转向质量追求，提供足量的高品质牛肉是肉牛产业发展的主要方向。

（二）必要性

根据 USDA 的统计结果，2022 年全球牛肉折算胴体基础的总产量为 5 937.2 万 t，较 2021 年增加 100.1 万 t。产量超百万吨的国家（地区、组织）中：美国 1 282.0 万 t、巴西 1 035.0 万 t、中国 712.5 万 t、欧盟（27 国）682.0 万 t 等，中国位列第三；2022 年全球牛肉消费量达 5 696.1 万 t，较 2021 年增加 9.6 万 t。牛肉消费量超百万吨的国家（地区、组织）中：美国 1 271.2 万 t、中国 1 024.5 万 t、巴西 747.1 万 t、欧盟（27 国）650.5 万 t 等，中国位列第二；2022 年牛肉进口量超过 10 万 t 的国家（地区、组织）中：中国 314.0 万 t、美国 153.7 万 t、日本 80.0 万 t、韩国 61.0 万 t、英国 41.5 万 t、智利 41.0 万 t、欧盟（27 国）38.5 万 t 等，中国位列第一。由此可见，我国牛肉生产效率与消费需求间仍存在显著差距。2023 年我国牛肉进口量 274 万 t，增幅仅 1.8%，10 年来牛肉进口首次接近零增长，国产牛肉量 753 万 t，再创新高，同比增长 35 万 t，相当于增加了 140 万头牛出栏量。2023 年活牛价格一度跌破 10 元 /500 g、进口量接近零增长、“倒奶杀牛”现象凸显。

四、公犊牛选择与选购

（一）自繁奶公犊

宜选初生重大于 35 kg、健康的奶公犊用于育肥，并灌服合格初乳。初乳饲喂量以出生后 1 h 内 4 L，6 h 内 2 L，12 h 内 6 L 为宜。免疫球蛋白 G 含量＞50 g/L 为宜。出生 24 h 后至 2 日龄，每日饲喂 6 L 常乳。对载运奶公犊车辆以及工具做好消杀工作，对待转圈舍提前做好清洁消毒。

（二）外购奶公犊

宜选择初生即能站立，初生重大于 40 kg，0.5 h 之内能行走，吃奶快，食欲旺盛，外形匀称，头方，嘴大，管围粗，身腰大，后躯方，全身肌肉丰盈，膘度中等以上，被毛有光泽，发育良好的健壮犊牛。

运输犊牛工具彻底消毒，车厢底部具备防滑措施，装车密度为 0.5 m^2/ 头以上。到场后安全进入隔离舍，宜先适量饮水后再饲喂，至少应隔离 15 d。每头奶公犊饲养面积为 2～3 m^2，保持通风换气良好，冬季注意防风保暖。

此外，若奶公犊仅饲养 1 年就出栏可不用去势。有研究表明，虽然去势有利于增重，但术后的一段时期会影响牛只的体重增长。

五、奶公牛直线育肥技术实施

（一）犊牛期饲养管理

1. 哺乳期（0～2 月龄）犊牛

犊牛出生后，首先除去口腔鼻孔内黏液，然后距离躯体 10～12 cm 断开脐带，并将脐带内容物挤出，用碘酊消毒，擦干犊牛身上的被毛，称重，剥去犊牛软蹄。

犊牛生后在 1 h 内哺喂初乳，12 h 内喂足 6 L。1～50 日龄每头每天饲喂鲜乳 6 L，51～60 日龄每头每天饲喂鲜乳 4～5 L，或 1 周后使用代乳粉，每天 3 次。

1 周开始训练采食犊牛料，根据肉牛犊牛饲养标准配制精料，饲料喂量应逐渐增多。从 10 日龄起训练采食优质青干草，20 日龄起训练采食青绿多汁饲料。

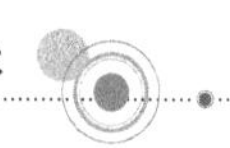

2. 断奶期（3～6 月龄）犊牛

60～70 日龄间由湿料逐渐过渡到干料，每头每天饲喂犊牛料 2 kg。同时，自由采食优质青干草、酒糟、青贮饲料等。

按干物质计，日粮精粗比为 50∶50，日粮蛋白质占干物质的 16%～18%。如果粗饲料仅有秸秆，那么犊牛料粗蛋白质水平在 18% 左右，并且每天补充精料 2.0～2.5 kg。

从 120 日龄开始由犊牛料逐渐过渡到育成牛料。

3. 管理

犊牛饲养方式可采用单栏或群饲，每头断奶犊牛应有 4～6 m^2 的运动面积。保持牛舍干燥、清洁、通风换气良好，冬季注意保暖，铺上垫草。

哺乳期饲喂必须掌握“三定”原则，即“定时、定温、定量”，奶温在 38℃左右。保持断奶犊牛料槽中有料、草，掌握少喂勤添的原则。可自由舔食矿物质砖。

新生犊牛饮 38℃的温水，15 d 后改饮常温水，每日喂水 2～3 次，30 d 后转为自由饮水。保证饮水充足。

（二）生长期饲养管理

1. 饲养方案

以自由采食青粗饲料为主，适当补饲精料补充料，放牧、舍饲皆可，优质干草必须充足供应。精料给量随粗料品质而异，一般每天喂混合料 2.0～2.5 kg。

2. 管理

采用围栏散养。每个圈舍 15 头，每头牛运动面积不少于 6～8 m^2，食槽长度不少于 0.5 m。自由采食和饮水，保持圈舍清洁卫生，7 月龄驱虫一次。

（三）育肥期饲养管理

1. 日粮配比

配比原则：根据本场饲料资源条件和预期增重水平，参照 NY/T 815 的规定进行日粮配比。根据实际增重及时调整饲料配方和喂量。使用尿素时，宜进行缓释技术处理。其提供的总氮含量应不高于饲料中总含氮量的 10%。日粮中须适量添加维生素、矿物质微量元素等预混料。粗饲料的选择应用青贮饲料，微贮秸秆、氨化秸秆、干秸秆等不宜单独作为粗饲料。饲喂酒糟应保证优质新鲜，遵循由少到多、逐步适应的原则，每头牛日喂量（鲜重）

5～10 kg。

精饲料的选择应用：第一阶段（13～14 月龄）精料量按照体重 1% 左右供给，粗饲料自由采食。蛋白质占日粮干物质的 13.5% 左右。第二阶段（15～16 月龄）精料量按照体重 1% 左右供给，粗饲料自由采食。蛋白质占日粮干物质的 13%。第三阶段（17～18 月龄）即育肥成熟期，日增重显著降低，主要是囤积脂肪，增加肌肉纤维间的脂肪量和脂肪密度，改善牛肉品质，提高优质高档肉比例。粗饲草为单一麦草，日采食量控制在 1～3 kg/ 头；精饲料粗蛋白含量约为 10%，维持净能约为 7.06 MJ/kg，生产净能约为 4.28 MJ/kg，自由采食，使精料的比例占日粮干物质的 70%，日喂量保持到体重 1.8%～2%，占日粮的 80%～85%。在日粮中能量饲料以大麦或小麦为主，控制精饲料中玉米的比例，禁喂青绿饲草和维生素 A，出栏前 60～90 d 适当增加维生素 E、维生素 D，改善肉的品质和色泽。育肥前集中驱虫 1 次，驱除体内、体外寄生虫。

2. 管理

采用围栏散养或拴系饲养。每个围栏 40～60 m^2，每头牛占有牛舍面积为 4.0 m^2，每圈 10～15 头。拴养时每头牛 1 桩或两桩，定槽、定位，绳长以栓系后不影响起卧为度，限制运动。定时、定量喂料，自由饮水。每日喂 2～3 次，每次不超过 3 kg，精粗饲料拌匀后饲喂，最好采用全混合日粮饲喂技术。确保牛舍冬暖夏凉，保持牛舍和牛体卫生。夏季采取防暑降温措施，搭遮阴棚，保持通风良好。

3. 卫生防疫

牛场防疫必须符合《无公害食品　肉牛饲养兽医防疫准则》（NY 5126—2002）的规定，对牛群进行口蹄疫等重点疫病的免疫注射。污水经无害化处理后应符合《畜禽养殖业污染物排放标准》（GB 18596—2001）的规定方可排放。病死牛及其排泄物、污染饲料处理严格执行《病害动物及检验检疫不合格肉类产品生物处理工艺技术规程》（T/CPPC 1023—2020）的规定。兽药使用应符合《无公害农产品　兽药使用准则》（NY/T 5030—2016）的规定。

4. 资料记录

建立奶公牛养殖档案，主要包括：奶公牛来源、饲料消耗、增重记录等养殖档案；饲料及饲料添加剂来源、各阶段日粮配方及饲料添加剂使用记录；疫病防治及用药、停药期记录；销售记录等。相关记录应准确、可靠、完整，并妥善保存 2 年以上。

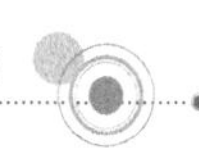

（四）营养需要与营养调控策略

饲料的组成及其物理形态对犊牛瘤胃的发育至关重要，瘤胃的饲料发酵速率、发酵程度，以及对挥发性脂肪酸的吸收和代谢都会因犊牛对固体饲料采食量的增加而加快，饲料对犊牛瘤胃发育的刺激作用包括物理刺激和化学刺激两方面。瘤胃发酵产生的乙酸、丙酸、丁酸等挥发性脂肪酸也是刺激瘤胃发育的重要因素之一。饲喂液体饲料的犊牛，瘤胃缺少必要的物理刺激和化学刺激而发育迟缓，颗粒饲料的饲喂可增加挥发性脂肪酸的浓度，其中丁酸起决定性的作用，能为瘤胃提供必要的化学刺激，颗粒的大小也能提供一定的物理刺激，从而促使瘤胃正常发育。粗饲料对刺激瘤胃发育也产生一定的效果，因此促进瘤胃发育还包括精饲料和干草两方面共同发生的营养作用。饲喂颗粒饲料能促进犊牛瘤胃的发育，只饲喂干草和牛奶的犊牛，瘤胃发育非常缓慢。

粗饲料对犊牛的行为和福利有很大影响。饲养过程中让犊牛自由采食干草可减少犊牛舔癖，若日粮中缺乏足够的粗饲料，则往往会对犊牛造成慢性应激。Mattiello 等以代乳料、代乳料 + 麦秸和代乳料 + 甜菜渣饲喂肉犊牛，研究犊牛行为和生理方面的变化，结果表明对犊牛安全的行为养成习惯，粗饲料起重要作用。Cozzi 等研究了仅饲喂代乳料、液体饲料 + 干草和液体饲料 + 甜菜渣对犊牛胃肠道的发育情况，结果发现添加干草对瘤胃发育起促进作用，而甜菜渣促进了网胃的发育，均比仅饲喂代乳料组效果好。另有研究表明，只饲喂牛乳而不饲喂粗饲料的情况下会抑制犊牛瘤胃发育。

在犊牛整个瘤胃黏膜表面，由上皮和固有层向胃腔内突出形成叶片状或舌状突起进而形成无数密集的圆锥状或舌状的瘤胃乳头，瘤胃靠近左右侧肉柱和前后侧肉柱处，黏膜呈束状突起，其他部位的则呈网状突起。瘤胃乳头表面由复层扁平上皮细胞组成，浅层上皮角化。乳头的活动在瘤胃物理性消化中起揉搓和磨碎的作用，增加了营养物质的吸收面积，有利于瘤胃上皮对养分的吸收和离子的转运。犊牛瘤胃乳头高度均不超过 1 cm，肉柱表面较平坦而无瘤胃乳头存在。在评定瘤胃发育的指标中，用统计学分析方法可以得出，瘤胃乳头的高度最重要，其次是乳头宽度和胃壁厚度。对于瘤胃乳头的生长发育，挥发性脂肪酸具有显著的促进作用，尤其是对瘤胃上皮的发育。饲喂牛奶或代乳料的犊牛，其瘤胃所占比例上升，但其瘤胃乳头发育缓慢，瘤胃上皮新陈代谢活性低，对挥发性脂肪酸的吸收能力低，且吸收能力不随日龄增加而有所提高。而早期采食开食料的犊牛，其瘤胃乳头长度适宜。

（五）生长与生产性能检测

育肥牛出栏应满足三个条件，即“时下”“后劲”和“保障”。“时下”是指在恰当的时间节点，从该批次获得较高的经济效益；“后劲”是指选择价格适宜小牛及时补栏，减少空栏时间；“保障”是指有适宜价格和低价的饲料原料时，可事先储备或补充库存。以上条件兼顾“销售时机、不空栏、小牛价格、入手长期可用廉价饲料”等因素，以“节本增效越能”为目标着手，可从以下三方面做好生长性能的监测与监控。

1. 秤量、记录体重

按 3%～5% 比例，固定牛舍四角，中央 5 个位点，选定位点上的样本牛，做好标记。每月安排一次称重，记录体重，求平均值，填体重记录表。

绘制体重变化折线图、增重图。依照体重变化图、增重图可直观掌握体重变化，及时发现问题，提早判断并采取措施。及时发现改进点（增重比上月显著降低的时点，属增重异常），并立即检查、改正，争取下个月增重点恢复正常。

直线育肥奶公牛标准增重曲线称为反省线。将反省线与所绘制的增重图进行对比，发现异常增重时段，在出栏后复盘反思、改进，争取下批牛达到标准曲线。循环记录，反复提高。避免该时点后的直接经济损失。

2. 计算育肥收益

差价收益计算公式：差价 = 育肥牛行价 − 购牛价，差价计算为负值代表价格倒挂；

育肥边际价格公式：育肥边际价格 = 销售价 − 增重成本；

育肥收益公式：育肥收益 = 增重 × 边际价格 + 犊牛差价收益。

从育肥收益可以看出，控制小牛价格、买到“长势好”的小牛、降低增重成本是肉牛育肥的三大关键。

3. 增重成本核算——判断出栏时机

购牛及其之后发生的饲料费、人工费、运费、运输减重、医药费、疫苗费、死淘费、利息、折旧、土地费、环保费、光热油水耗、设备维修费等，即小牛进场到育肥出栏之间一切支出的总和，即为增重成本。控制增重成本的重点是控制饲料费，因此要记录每日、每月的饲料用量，便于掌握饲喂量，及时调整饲料，改进管理；及时把握增重代价，综合多批次积累经验教训。

第四章
奶公牛特殊育肥技术

随着社会经济水平和人民生活品质的提高，牛肉因其高蛋白等优点受到了消费者的青睐，同时牛肉品质也受到了更广泛的关注。目前，我国已是世界上牛肉消费第二大国，牛肉进口第一大国。根据国务院《关于促进畜牧业高质量发展的意见》和农业农村部《推进肉牛肉羊生产发展五年行动方案》，我国牛羊肉自给率到 2025 年需保持在 85% 左右。然而，2023 年我国牛肉产量 753 万 t，进口量 274 万 t，牛肉自给率仅 70% 左右，国内牛肉市场供需矛盾愈发突出，我国肉牛产业仍有巨大的发展空间。通过对奶公犊牛进行育肥生产的小白牛肉、犊牛红肉、小牛肉以及大理石花纹牛肉等小众高端牛肉产品在我国牛肉消费市场日渐崭露头角，合理利用我国丰富的奶公犊资源，重视饲养管理过程以提质增效地生产高附加值牛肉，既能提高奶牛养殖经济效益，又能解决我国高档牛肉进口量逐年增加的问题。

第一节　我国奶公犊生产现状

我国自 20 世纪 80 年代末开始发展优质高档牛肉产业，取得了规模化、规范化、标准化生产的初步成果。然而，小白牛肉产业在国内的发展较为滞后，且肉品质量不一，难以满足国内需求。随着我国奶牛养殖业的快速发展，大量奶公犊产生，无法全部用于种用，导致其以低价销售，未能得到充分利用。因此，发展小白牛肉产业对于增加养殖户收益、提高牛肉生产资源利用效益、促进养牛业向优质高效商品化发展、推动地方经济增长具有重要现实意义。近年来，我国科研工作者对小牛肉的生产开展了大量研究，许多企业也看到了小白牛肉市场的前景和可观收益。结合科研成果，企业积极探索小白牛肉规模化生产的途径。小白牛肉是当今国际上高档肉类的营养品，富含蛋白质，脂肪含量低，价格较普通牛肉高 2～10 倍。其生产适应面广，可以分散或集中饲养，资金和用地需求较少，且奶牛生产区域有丰富的奶公犊资源，具有广泛性和稳定性。

我国是养牛大国，奶牛和肉牛存栏数居世界前列，相较于发达国家，我国有着丰富的犊牛生产资源和多样的品种。随着消费者对食品安全的关注增加，有机小白牛肉的市场前景愈发广阔。奶牛养殖业快速发展，大量奶公犊以低价出售，未能为养殖户带来良好利润。因此，犊牛肉的开发利用有望成为一条能够增加奶农收入的新途径，同时也能促进相关产业的发展。牛肉商品生产结构不合理，市场上 99% 以上的牛肉产品仍未分类、分档，同时被用作烹调原料肉和加工制品原料肉。随着生活水平的提高，消费者迫切需要改进牛肉质量，希望将牛肉进行分类、分档生产与管理，增加高蛋白、高嫩度的优质牛肉产品供应。虽然我国优质高档牛肉已初步实现规模化、规范化、标准化生产，但小白牛肉和小牛肉的生产在国内仍有待发展，肉品质量存在差异，未能满足国内市场需求。为此，我国的科研工作者也针对小白牛肉与小牛肉的生产开展了大量研究。给中国荷斯坦奶公犊饲喂全乳或代乳粉 + 代乳料，饲养期 6 个月，探讨两种不同饲喂方式对生产小白牛肉的影响，发现以代乳粉 + 代乳料饲喂犊牛，其胴体重、屠宰率、净肉率均显著低于全乳饲喂组，但成本减少 994 元 / 头，降低 34%，毛利增加 664 元 / 头，提高 62%，两组的肉质均满足市场要求；用全乳饲喂中国荷斯坦公犊，饲养期 120 d，发现屠宰率和净肉率分别为 60% 和 45.68%，每头牛可获纯利 2 932 元，经济效益可观。

第二节　奶公牛特殊育肥技术

随着大多数国家奶公牛和肉牛企业之间利润差距的扩大，奶公牛和肉牛对全国牛肉总产量的贡献很可能在未来进一步分化。虽然牛肉通常被视为奶牛群的副产品，但它仍然是奶公牛群重要的现金流来源。

未来将继续重视育肥奶公牛的健康高效饲养，研究日粮组成对育肥奶公牛急性、亚急性酸中毒的影响，以及蛋氨酸、牛至油等对育肥奶公牛肉质的调控技术；关注奶公牛与地方黄牛差异化育肥生产优质牛肉技术；针对安格斯、海福特、和牛等各引进品种 × 奶公牛杂交后代的生长与产肉特性，将“活体与上市肉质肉量管控一体化技术”提上模块化、模式化研发日程。

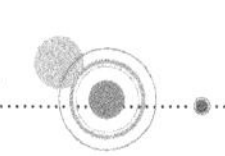

一、优质牛肉育肥技术概述

（一）优质牛肉生产目标

优质牛肉生产的目标是培育出肉质细腻、风味佳、营养丰富且符合市场需求的牛肉。这需要养殖者关注以下几个方面。

肉质和风味：优质牛肉通常具有良好的大理石纹理（即肌内脂肪分布），肉质嫩滑，风味浓郁。

健康和营养：优质牛肉富含高蛋白，含有丰富的微量元素和维生素。

环境可持续性：育肥过程中考虑到环境保护，减少对自然资源的消耗和对环境的影响。

动物福利：确保养殖过程中的动物福利，减少应激和疾病，提高肉牛的整体健康状况。

（二）奶公牛产优质牛肉优势

奶公牛（奶牛的雄性后代）在产优质牛肉方面具有以下独特的特点和优势。

生长特性：奶公牛天生具有较好的肉质潜力。它们的肉质通常更加细腻，大理石纹理（肌内脂肪）分布均匀，这是优质牛肉的重要标准。

饲养成本：与专门的肉牛品种相比，奶公牛的饲养成本相对较低，因此将其转为肉牛生产可以更有效地利用资源。

育肥技术：奶公牛的育肥技术关键在于优化饲料配方，确保充足的能量和蛋白质摄入，同时保持合理的增重速度，以保持肉质的嫩度和风味。

健康管理：奶公牛在育肥过程中需要精心的健康管理，包括适当的疫苗接种计划、定期的健康检查，以及防治常见疾病等。

市场潜力：随着市场对高品质牛肉的需求增加，奶公牛肉作为一种高品质、成本效益较高的选择，市场潜力巨大。

二、优质奶公牛肉与其他公牛肉比较

奶公犊牛育肥，传统是指 1 岁左右的荷斯坦奶公牛，经 5～6 个月的育肥饲养，体重达到 500～600 kg 出栏。据调查，约 54% 的奶公犊是在育肥后销售的，18% 是在奶牛场生产的，而高比例的育肥则是在奶公牛场进行的。因为资金、场地不够、工人技术水平、牧场制度等制约，一般来说，刚出生或断奶的奶公犊直接出售给附近的肉牛农场，并与饲养的肉牛混合育肥。

（一）优质奶公牛肉与其他牛肉对比

奶公犊牛出生体重大，饲料报酬高，可利用其生产味道鲜美、营养价值极高的高端小白牛肉。白牛肉生产不仅饲喂成本高，牛肉售价也高，其价格是一般牛肉价格的2～10倍。生产白牛肉和提高肉品质是饲养犊牛的主要目标。在牛育种高度发达的国家（美国、阿根廷和欧洲国家）已经证明，与阿伯丁安格斯公牛相比，荷斯坦公牛犊牛需要增加10%的能量需求，以维持其机体需要。

（二）优质奶公牛挑战与应对策略

1. 肉质改善

挑战：相较于专门肉牛而言，奶公牛肌肉量较少，肉质可能不如专门肉牛细腻。

应对措施：通过改进饲养管理和饲料配方，可以促进肌肉生长，改善肉质。根据奶公牛的生长阶段和体重，调整饲料中蛋白质的比例。对于快速生长期的奶公牛，提高饲料中的蛋白质含量可以促进肌肉生长。通过增加饲料中的能量密度，如高能谷物（如玉米）和油脂，可以促进奶公牛的增重。实施分阶段饲喂策略，比如开始阶段使用高蛋白饲料，随着生长阶段推进转向更高能量的饲料。

2. 市场接受度

挑战：消费者可能对奶公牛肉的品质存在偏见，认为其不如肉牛肉。

应对措施：相较于市场上的其他肉牛品种（如安格斯）经过精心的市场营销，被宣传为高品质的牛肉来源。奶公牛肉的市场宣传较少，导致消费者对其品质有所怀疑。实际上，奶公牛肉在营养价值、风味和质地上可以与许多肉牛品种媲美。通过科学的饲养管理和育肥技术，奶公牛的肉质可以得到显著提升。加强对奶公牛肉品质和特性的宣传，以及为消费者提供品尝的机会，可以有效改变这种偏见。

三、优质牛肉的特点与营养价值

（一）小牛肉

所谓小牛肉是指由犊牛（一般是奶牛的公犊）生产的牛肉，与普通牛肉

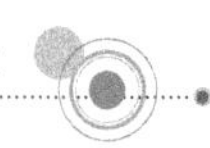

相比富含水分，鲜嫩多汁，蛋白质含量高而脂肪含量低，风味独特，营养丰富，是一种理想的高档牛肉。小牛肉营养价值很高，蛋白质含量比一般的牛肉高，脂肪呈乳白色且含量低于普通牛肉，富含人体所必需的氨基酸、维生素和多种矿物质，肌纤维纹理较细、致密、有弹性，肌肉易咀嚼，易消化。另外，在牛肉质量方面，初生犊牛肌纤维较细，结缔组织的成熟交联很少。虽然越小的动物其结缔组织相对比例较大，但造成嫩度差异的主要是结缔组织成熟交联的多少而非结缔组织的数量。成熟交联越少，说明牛龄越小，肉也越嫩。但对消费者而言，评价牛肉质量最主要的三个方面是：嫩度、多汁性和风味，其中嫩度是最重要的。从各个方面来说，小牛肉都具有很高的品质和经济价值（表 4-1）。

表 4-1　小牛肉营养物质含量（每 100 g）

营养物质	含量
能量（J）	665
蛋白质（g）	19.5
脂肪（g）	9
钙（mg）	11
磷（mg）	210
铁（mg）	2.9
硫胺素（mg）	0.18
核黄素（mg）	0.28
尼克酸（mg）	6.4

资料来源：张美琦，2019。

（二）小白牛肉

小白牛肉是指犊牛出生后，在人为管控下，完全用全乳、脱脂乳或代乳粉进行饲喂，饲喂 150 d 左右，当其体重达到 150～200 kg 时屠宰，所得之肉肉质细致软嫩、味道鲜美，呈全白色或稍带浅粉色的牛肉。小白牛肉的生产是伴随奶牛业和乳品加工业的发展而蓬勃发展起来的。目前在欧美等奶业发达国家，其小白牛肉的产业也比较发达，小白牛肉深受西方消费者的欢迎，尤其是法国、意大利、比利时、德国、瑞士、捷克、匈牙利等，而在北美如美国，消费者更倾向于在某些特定的重大场合烹饪小白牛肉大餐。

小白牛肉生产有以下几种类型：

1. 鲍勃犊牛肉（Bob Veal）

指公犊牛在出生后仅喂全乳或代乳粉至4周龄左右，体重不到150磅（约68 kg）时屠宰的肉类。这种肉呈浅粉红色，质地松软，富含蛋白质和各种人体所需的氨基酸，是一种营养丰富的高档牛肉。

2. 特殊饲喂犊牛肉（Special-Fed Veal）

指荷斯坦公犊牛出生后用全乳、脱脂乳或代乳料饲养至3～5月龄，体重达400～450磅（180～200 kg）时屠宰，产生的肉称为犊牛白肉或乳饲小牛肉。这种肉通常呈全白色或略带浅粉色，肉质鲜嫩多汁，蛋白质含量高，脂肪含量低，富含人体所需的维生素、氨基酸、矿物质微量元素等多种营养成分。犊牛白肉口感鲜美，易于被人体消化吸收，是高端消费市场上备受青睐的上品。

3. 谷物饲喂犊牛肉（Grain-Fed Veal）

奶公犊用全乳或代乳粉饲养，再通过谷物、干草及添加剂的饲喂，达到6～12月龄后进行屠宰，产生的牛肉被称为谷饲小牛肉或犊牛红肉。犊牛红肉呈鲜红色，肉质细嫩，易咀嚼，生产成本相对较低，属于牛肉中的高品质产品。生产犊牛红肉时通常采用散栏直线育肥，让牛有自由采食、自由饮水和自由活动的条件。与犊牛白肉相比，犊牛红肉的优势在于更为经济实惠。

小白牛肉在营养价值上在人们所食的肉类中最高，蛋白质含量比一般牛肉高63.8%，脂肪却低95.9%。目前，小白牛肉的价格高出一般牛肉10倍以上。小白牛肉是高级宴席上的一道名菜。随着人民生活水平的不断提高和优质高效畜牧业生产的发展，小白牛肉这道菜也会很快端上普通百姓的餐桌（表4-2）。

表4-2 小白牛肉营养物质含量（每100 g）

营养物质	含量
能量（J）	695
总脂肪（g）	5.6
胆固醇（mg）	100
钠（mg）	85
蛋白质（g）	27
铁（mg）	1.0
锌（mg）	4.3

（续表）

营养物质	含量
硫胺素（mg）	0.05
烟酸（mg）	7.2
维生素 B_{12}（mg）	1.4
维生素 B_6（mg）	0.28

资料来源：李胜利，2009。

（三）雪花牛肉

雪花牛肉是一种在牛肉中以脂肪沉积在肌肉纤维之间形成纹理的高级品种。其分布密度、形状和肉质都成为等级的衡量标准。常见的部位包括眼肉、上脑、外脊等，而选择不同部位的雪花牛肉也决定了其品质的高低（图 4-1）。无论是中餐还是西餐，雪花牛肉都因其香、鲜、嫩而备受推崇，价格较普通牛肉更昂贵。

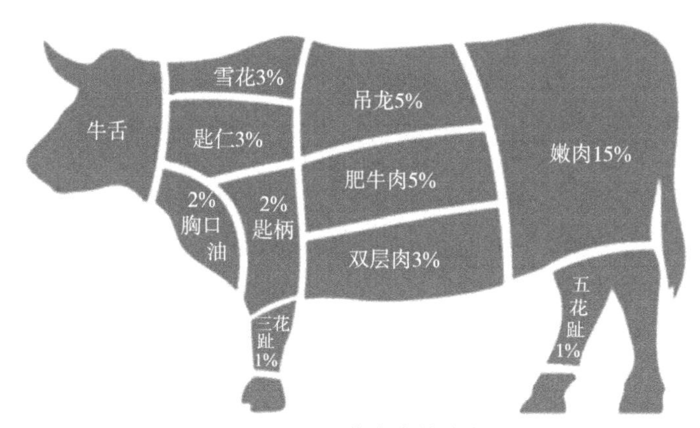

图 4-1　雪花牛肉的分布

雪花牛肉的生产精良始于对品种的精选。2013 年，我国成功培育出适合生产雪花牛肉的品种，以秦川牛为母本、红安格斯牛为父本。从饲养方面来看，雪花小牛需得到特别关照，自出生至 10 个月是关键成长期，饲养过程需要丰富的饮食以促进骨骼和肌肉的发育。雪花牛肉之所以备受青睐，不仅在于其独特纹理，更因其口感鲜美和高营养价值。相较于普通牛肉，雪花牛肉富含更多人体所需的脂肪酸，为食客提供了更加满足的味觉享受。在烹饪时，可以根据个人喜好选择不同部位和烹调方式，尽情品味其独特美味。

四、奶公牛特殊育肥技术措施

（一）犊牛的选择

由于奶牛养殖业每年产生大量的奶公犊，因此生产小牛肉多选用不作种用的奶公犊。在我国则主要是荷斯坦奶公犊。选用标准为初生重 35 kg 以上，吃过 4 L 以上初乳，肚脐干燥，行走正常，听力敏锐，眼睛明亮，精神良好，没有腹泻现象，躯体能够正常伸展，且最好是经产奶牛所产的犊牛。所有这些标准都是为了降低犊牛死亡率，缩短达到出栏体重所需要的时间，减少不必要的花费，提高养殖经济效益。

（二）饲喂

生产小牛肉时，根据生产的产品类型不同所使用的饲料也不同。如生产鲍勃（Bob）犊牛肉，需要全部饲喂牛奶；生产特殊饲喂犊牛肉，最好使用代乳粉；生产谷饲犊牛肉，则需要额外添加干草和谷物。不论生产何种类型的小牛肉，都必须根据犊牛日龄和体重变化随时调整日粮，满足犊牛的基本营养需要。

1. 初乳

初乳是指母牛分娩以后最先分泌的乳汁。牛初乳中含有丰富的免疫球蛋白、乳铁蛋白、溶菌酶等，可以使新生犊牛获得被动免疫，显著提高犊牛的免疫能力。同时，初乳中含有较多的镁盐，具有轻泻作用，有利于犊牛胎粪排出。因此，用于生产小牛肉的奶公犊在出生后 1 h 内都应灌服初乳 4 L，第 1 次灌服 6 h 后再次灌服 2 L 初乳，以确保犊牛获得被动免疫。

2. 牛奶和代乳粉

生产 Bob 犊牛肉和特殊饲喂犊牛肉时通常需要使用牛奶和全价代乳粉。鉴于生鲜乳价格较高，同时考虑到乳品加工业副产品丰富的情况，国外通常使用代乳粉替代牛奶来生产小白牛肉。研究表明，使用全价代乳粉替代牛奶对犊牛的生产性能和酮体性状影响不大。在饲养期为 3 个月时，大约需要使用 900 kg 牛奶。利用营养价值高、品质优良、价格低廉的人工代乳粉生产小牛肉，可以带来更好的经济效益。研究发现，与商业代乳粉相比，饲喂代乳料能够降低成本，而且对日增重和肉品质影响不大。另外，有研究发现，在全乳中添加小麦粉能够提高日增重和 90 日龄体重，降低饲料成本，虽然会降低干物质、粗蛋白质和能量的消化率，但是不影响氮代谢率和蛋白质的生物

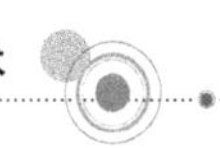

学价值。使用代乳粉替代牛奶以及添加一定比例的小麦粉等辅助饲料可以在保证犊牛生长和肉品质的同时，降低生产成本，提高经济效益。

3. 干草和颗粒料

在生产谷饲犊牛肉时，通常在初期饲喂牛奶 2 周后即可开始添加谷物、干草和添加剂等。所选用的干草应为优质的豆科或禾本科牧草，主要目的是促进瘤胃的发育。给饲喂大量牛奶的犊牛提供干草，可提高其固体饲料干物质的采食量，但不会影响其体重增长。除了干草外，其他饲料通常会混合制成颗粒料饲喂。采用颗粒料饲喂犊牛不仅方便操作，并且对犊牛的生长性能和胴体品质等影响不大。此外，颗粒料饲喂还能促进瘤胃的发育，减少犊牛腹泻的发病率。因此，生产谷饲犊牛肉时，饲喂干草和颗粒料是常见的做法，能够促进犊牛的健康生长，提高生产效率。

4. 铁

在生产小白牛肉时，铁元素是一个关键指标。根据市场需求，小白牛肉要求肉色稍显白，因此需要维持犊牛的血红蛋白浓度在一定水平，而铁元素的摄入量直接影响到血液中血红蛋白的浓度，从而影响到肉色。通常情况下，犊牛从代乳品、水和添加剂中获得的铁足够满足其维持和生产需要。是否需要额外补充铁需要根据犊牛在 7～10 周龄时检测的血红蛋白浓度来判断，目标水平应该维持在 7.5～8.5 g/dL。

5. 水

水对犊牛而言非常重要，饮水不足会降低日增重和饲料转化率，增加饲养成本。犊牛一般在出生 2 周以后给水，喂水量为：体重低于 100 kg，饲喂 1～3 kg/d；高于 100 kg，饲喂 3～5 kg/d；天气炎热时应适当增加喂水量。给犊牛饲喂的水应干净清洁，最好是直接饮用水，一般在喂完料之后给水。需要注意的是，供犊牛饮用的水温应保持在 22～42℃。给犊牛的喂水量不能太多，以免发生水中毒。刚刚经历过运输的犊牛应当及时补充含电解质的水。

（三）饲养管理

对犊牛而言，良好的饲养管理可以大大降低犊牛疾病的发生率，甚至使缺乏免疫能力或有传染病的犊牛好转。因此，科学的饲养管理对生产优质小牛肉和提高经济效益十分关键。

1. 合理分群

犊牛进行群养时，要按大小分群，便于对犊牛的采食量进行控制。进行人工饲喂奶公犊牛乳或代乳粉时，要用奶瓶，这样可以预防犊牛胀肚。

2. 环境控制

犊牛生长的环境管理至关重要，确保它们处于适宜的温湿度条件下。理想的温度范围是 18～20℃，同时保持相对湿度在 50%～60%。在冬季，需采取防寒保暖措施，特别是对于 1 周龄以下的犊牛，它们对低温的承受下限为 10℃。为确保冬季增重达到期望水平，需要适度增加饲喂量。夏季需注意防暑降温，因为高温可能导致犊牛食欲下降，从而影响肉的颜色。在温度超过 30℃时，可以采用廉价的方式，如使用大叶风扇或喷水汽化，来降低环境温度。白天要确保犊牛舍内的光线足够强，以便饲养员清晰地观察犊牛。犊牛眼睛高度或地板上的光照强度应高于 22 lx。犊牛舍内通风可以采用自然通风或机械通风方式，良好的通风可显著提高肉牛的采食量和免疫能力。通风速率的设定应考虑牛舍内牛的总体重和季节。推荐的通风速率为：冬季 0.5～0.6 m^3/（min·100 kg），春秋季节 1.5～1.8 m^3/（min·100 kg），夏季 5～6 m^3/（min·100 kg）。在选择生产小白牛肉的犊牛时，应优先选择生理机能强、营养代谢旺盛、发病率低、增重快、体质良好的个体。奶公犊的出生重一般较大，通常为 35～45 kg，以上有助于确保生产的牛肉数量及质量。

3. 运动

犊牛每日要进行适当的舍外运动并增加光照时间，通过锻炼增强其体质。光照有利于维生素 D 的合成，促进钙、磷的吸收。犊牛 1 周左右即可在运动场进行短时间的运动，以后可逐渐延长运动时间，同时结合天气情况来具体掌握每日运动时间。1 月龄后可进行适当的驱赶活动，保证每天运动时间不少于 1 h。

4. 卫生防疫

设备使用后应清洁消毒；圈舍保持清洁，及时清除粪便，防止犊牛食用。在夏季，每天进行一次消毒，而在冬季，可以降低到每三天一次。确保犊牛舍内通风良好、干燥清洁，相对湿度保持在 50%～80%。冬季舍内温度不得低于 15℃，夏季则不超过 30℃。经常更换卧床垫料，有利于犊牛保温并保持犊牛表面的清洁卫生。在奶公牛长出牛角时，需要进行去角处理，以防止对其他牛只或工作人员造成伤害。当犊牛患病并用药物治愈后，应停止作为生产小白牛肉的犊牛饲养，转为其他用途。对于病牛粪便等废弃物，应进行无害化处理和资源化利用。对于因传染病或其他原因需要扑杀的病犊牛，应在指定地点进行处理，确保无害化处理。

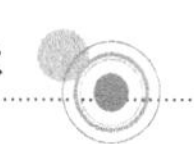

（四）出栏育肥性能评定

屠宰工作应遵循国家规定，由专业动物屠宰工厂进行。屠宰前，确保奶公犊牛精神状态正常，皮毛光亮，躯体整洁，体质健康；屠宰后，要求胴体整洁，肉质良好，瘤胃体积小，第四胃正常，淋巴组织正常，各脏器正常。此外，检查各脏器黏膜和浆膜，确保无出血点、无斑痕、无溃疡。胴体各部位应无任何病变异样，肉质应保持鲜嫩，肉色浅淡。

五、优质牛肉生产技术的未来展望

（一）绿色、有机

随着消费者对食品安全和质量的日益关注，未来奶公牛肉生产的一个重要趋势是向绿色和有机农业转型。这包括以下几个方面。

（1）限制化学药品的使用。减少或避免使用抗生素和激素等化学物质。

（2）可持续的饲料来源。使用可持续生产的饲料，如有机饲料和非转基因饲料。

（3）认证和标准。遵循有机和绿色认证的标准和规范，以提升产品的市场价值和消费者信任度。

（二）动物福利规范与实施

（1）改善生活环境。为奶公牛提供宽敞、自然的生活环境，促进其自然行为，减少应激。

（2）人道处理。在整个养殖和屠宰过程中实施人道处理标准。对养殖者进行动物福利的教育和培训，提升行业整体水平。

（3）监管和执行。建立有效的监管机制，确保动物福利规范的实施和执行。

在未来，奶公牛肉生产行业的发展将越来越注重环境可持续性、动物福利以及食品安全和质量。通过实施科学的饲养管理、营养调控策略以及动物福利规范，将有助于提升奶公牛肉产品在市场上的竞争力和消费者的接受度，促进健康、可持续发展。

第五章

奶公牛常见疾病防控

第一节　常见疾病的诊断与治疗

一、前胃弛缓

（一）概述及诊断

牛前胃弛缓是牛养殖领域发生流行率相对较高的一种胃部疾病，主要是因为前胃系统的兴奋性逐渐下降，收缩力和兴奋性降低导致前胃不能够正常收缩，从而导致瘤胃当中的内容物消化运转出现障碍、内容物排出延迟而引起的一种胃部疾病。在实际生产生活当中可能由于饲养管理不当，如饲料突然改变、饲料配合调制不当、饲料品质不良和饮水不洁等引发。病牛食欲、反刍及嗳气减少或停止，精神沉郁、瘤胃蠕动减弱，嗳气恶臭。直肠检查或触压瘤胃，手感胀满但不坚实。体温、脉搏一般正常。少数急性病例在停食2～4 d后可不治自愈，但大多数病例若不及时治疗则会转为慢性，病牛进行性消瘦，体况恶化、衰竭、卧地不起而死亡。

（二）治疗及预防

1. 治疗

（1）禁食1～2 d，同时配合瘤胃按摩，促进瘤胃功能恢复。

（2）药物治疗的目的是兴奋瘤胃蠕动（瘤胃兴奋药），防止异常发酵（制酵药），排出病原性内容物（泻下剂），促进食欲及反刍恢复。

（3）瘤胃灌洗法对该病具有重要作用。

2. 预防

防控前胃弛缓应该做到科学养殖管理，尤其是在奶公牛舍饲养殖向着放牧养殖转变过程中，一定要制订一个循序渐进的计划，每次放牧之前可以让

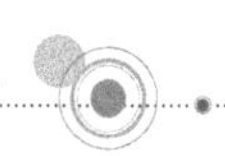

牛群采食适量的粗纤维饲料，然后再转入放牧场地当中，并且要严格控制牛群的放牧时间，避免过多采食青草。遇到降雨或露水没有干涸时，最好不要放牧或限制放牧时间，在向牛群投喂多汁且易发酵饲料时应该做到定时、定量，投喂之后不能让牛只立即饮水。

二、瘤胃积食

（一）概述及诊断

瘤胃积食（图 5-1）是牛的一种急性病，其特征是消化不良，瘤胃中食团积滞、酵解。豆谷类精饲料所致的积食常引起中枢神经系统受害，发生脱水和酸中毒、运动失调、虚脱等。过量采食富含淀粉类及块根类饲料后被瘤胃内某些革兰氏阳性菌，如牛链球菌分解产生大量有机酸，抑制甚至杀死了分解、利用纤维素的纤毛虫及利用乳酸盐的微生物，是该病发生的重要原因。瘤胃中乳酸被吸收后导致机体酸中毒。乳酸对瘤胃黏膜的刺激可导致化学性瘤胃炎，急性病例在采食后 12 h 内发病。最初症状是精神兴奋，因腹痛而用后腿踢腹，而后精神沉郁、不愿走动、呼吸急迫、常有呻吟、食欲完全停止、饮水减少，严重病例步态蹒跚、行走不稳、视力不清、不避阻碍。病程延至 48 h 以上时，病牛常卧地不起，呈产后瘫痪姿势，并对各种反应迟钝，呈昏睡状态，多数有严重脱水及酸中毒症状。预后不良，若不予治疗可在 72 h 内死亡。

图 5-1　瘤胃积食

（二）治疗及预防

1. 治疗

可采用治疗瘤胃弛缓的方法，禁食泻下，灌洗排出瘤胃内容物，配合使用瘤胃兴奋药。增高血液碱储，减少自体酸中毒。

2. 预防

加强饲养管理、合理配合饲料、定时定量、防止过食、避免突然更换饲料，粗饲料要适当加工软化后再饲喂。注意充分饮水，适当运动，避免各种不良刺激。

三、瘤胃酸中毒

（一）概述及诊断

近几年来，由于养殖业发展规模的不断壮大，瘤胃酸中毒发病率呈上升趋势。该病一年四季均有发生。很多牛场，在饲养的过程中，都遇到过该病，严重影响了养殖业的健康发展。瘤胃酸中毒主要是由于牛采食过量的精料或富含碳水化合物的饲料（比如玉米、稻谷、小麦及块根饲料红薯、马铃薯、甜菜等），还可能是长期大量饲喂酸度过高的青贮饲料，瘤胃中乳酸产生过多，导致瘤胃内 pH 值迅速降低，从而引起的全身代谢性酸中毒。病情较轻的牛，食欲降低，瘤胃蠕动减弱，轻度脱水和排泄软便，2～3 d 后自然恢复。病情较重的牛食欲废绝，瘤胃停止蠕动，排泄酸臭的水样稀便，体温正常或偏低，眼球凹陷，步态蹒跚、卧地不起，最后陷于昏迷状而死亡。能救活的病牛，继发代谢性蹄叶炎。诊断方法有如下几种：

（1）观察临床症状。慢性者卧地不起，头、颈、躯干平卧于地，四肢僵硬，角弓反张，呻吟，磨牙，兴奋，甩头，而后精神极度沉郁，全身不动，眼睑闭合，呈昏迷状态。

（2）剖检病死牛。消化道广泛充血、出血，瘤胃上皮水肿、出血，瘤胃内容物酸臭。

（3）实验室诊断。病牛血液二氧化碳结合力降低，尿 pH 值也降低。再同时结合临床症状即可确诊。

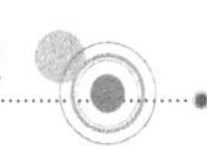

（二）治疗及预防

1. 治疗

（1）解毒。常用 5% 碳酸氢钠注射液 1 000～1 500 mL 静脉注射，12 h 再注一次。当尿液 pH 值在 6.6 时，即停止注射。

（2）补充水和电解质。常用 5% 葡萄糖生理盐水，每次 2 000～2 500 mL。病初量可稍大。

（3）防止继发感染。可用抗生素，如庆大霉素 100 万 U，或四环素 200 万～250 万 U，一次性静脉注射，每天 2 次。

（4）降低颅内压，解除休克。当病牛兴奋不安或甩头时，可用山梨醇或甘露醇，每次 250～300 mL，静脉注射，每天 2 次。

（5）洗胃疗法。近年来，山东省农业科学院畜牧兽医研究所通过洗胃，除去胃内容物，降低瘤胃渗透压的方法，治疗牛瘤胃酸中毒取得了良好效果。其方法是用内径 25～30 mm 的塑料管经鼻洗胃，管头连接双口球，用以抽出胃内容物和向胃内打水，应用大量水洗出谷物及酸性产物。即便昏迷的病牛，加强抢救也可使之康复。对呼吸困难有窒息先兆者，应静脉注射 3% 双氧水 200 mL 和 25% 葡萄糖溶液 2 000 mL，注射后继续洗胃。

2. 预防

该病的预防是加强饲养管理，正确安排日粮组合，按正规科学的喂养方式，严格控制谷物精料的喂量，保持饲料精粗比例，加强对牛只的管理，防止牛只偷吃饲料。每天应保证供给 3～4 kg 干草，精料饲喂量高的牛场，日粮中可加入 2% 碳酸氢钠、0.8% 氧化镁（按混合料量计算）。

四、腐蹄病

（一）概述及诊断

腐蹄病（图 5-2）是奶公牛常发的蹄病。饲养管理不当和牛只运动不足是其主要的诱因。主要由于牛床及运动场铺设不平，牛蹄底部过度磨损，被异物刺伤而被坏死杆菌和化脓菌感染，加之蹄部经常浸泡于粪尿污水之中，促使该病发生。患病的牛蹄肿大发热，趾间皮肤充血肿胀，创口感染溃烂，并有恶臭的炎症分泌物排出，继而蔓延至蹄冠、蹄后部，亦可侵害腱、韧带、关节，形成化脓性炎症。有时候牛蹄底部溃烂，形成大小不等的空洞，其中充满污灰色或黑褐色坏死组织及恶臭的脓液。该病多发于两后蹄。若仅一蹄患病，牛常将患蹄提起，以健蹄跳跃行走，影响采食。若两后蹄患病，牛则喜卧而不愿行动，不愿站立，自然更加影响运动采食，往往被迫淘汰。

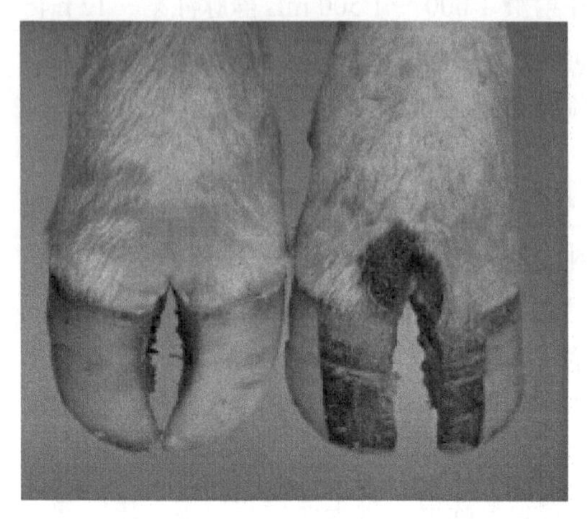
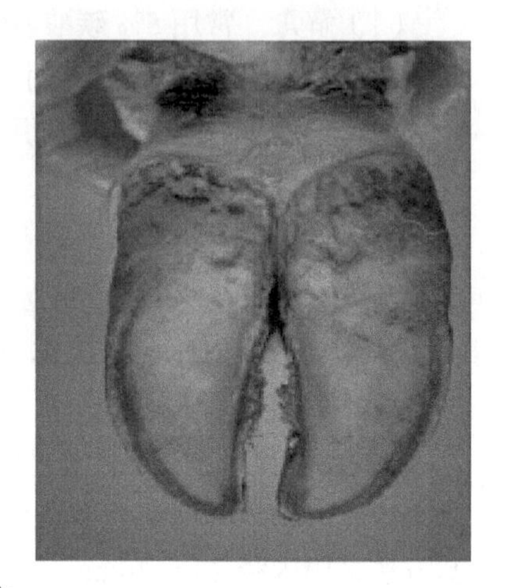

图 5-2　腐蹄病

（二）治疗及预防

1. 治疗

遇有跛行及蹄部异常时应及时检查蹄部，尤其要洗净检查蹄底蹄叉，轻度腐蹄病仅限于浅层时，用 3%～5% 高锰酸钾羊毛脂软膏涂敷；蹄部肿胀、跛行明显时，应用 1% 高锰酸钾液温脚浴疗法；若蹄底已烂出空洞并有脓液及坏死组织时，可用消毒液洗净蹄部，用剪刀或锐匙将坏死组织彻底清除后再用 5% 浓碘酊消毒，撒上抗菌药，外用福尔马林松馏油棉塞塞上，包扎上绑带。后再用防水塑料布包住蹄部，2～3 d 换药一次。

2. 预防

（1）预防。定期修剪和清洗牛蹄，用 10% 硫酸铜溶液倒入带喷嘴的喷雾器内，直接喷入蹄叉内，隔日 1 次。

（2）治疗。固定患牛于六柱栏内，用 1% 的高锰酸钾溶液将患蹄清洗干净，整修蹄底，将腐烂的腔洞扩创成反漏斗形，让其流出鲜血，以高锰酸钾填塞创口止血。随后用 3%～5% 的高锰酸钾清洗擦干，将血竭研末倒入清创后的创腔内，再用烧红的斧形烙铁烙之，使血竭熔化与角质结合。

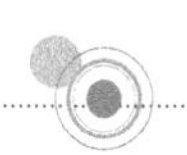

五、焦虫病

（一）概述及诊断

牛焦虫病（图 5-3）是由双芽巴贝斯虫的寄生而引起的血液原虫病，虫体寄生于牛的红细胞内。其形状有环形、椭圆形、梨形和变形虫形等。梨形虫体长度大于红细胞半径，两个虫体常将其尖端成锐角相连。潜伏期为 8～15 d，有时更长些。首先表现为体温升至 40～41.5℃，呈稽留热，可持续 1 周或更长时间。病牛精神沉郁，食欲下降，反刍停止。贫血明显，可有 75% 红细胞被破坏，通常有血红蛋白尿出现。在病初，红细胞染虫率一般为 10%～15%，轻微病例则只有 2%～3%，有的很难找到。急性病例可在 4～8 d 内，不加治疗时，死亡率可达 50%～90%。凡有从外地引进牛的牛场均应密切关注此病，一旦出现体温升高并能在血片中查出虫体即按此病治疗。即使查不出虫体也按此病治疗，有百利而无一害。

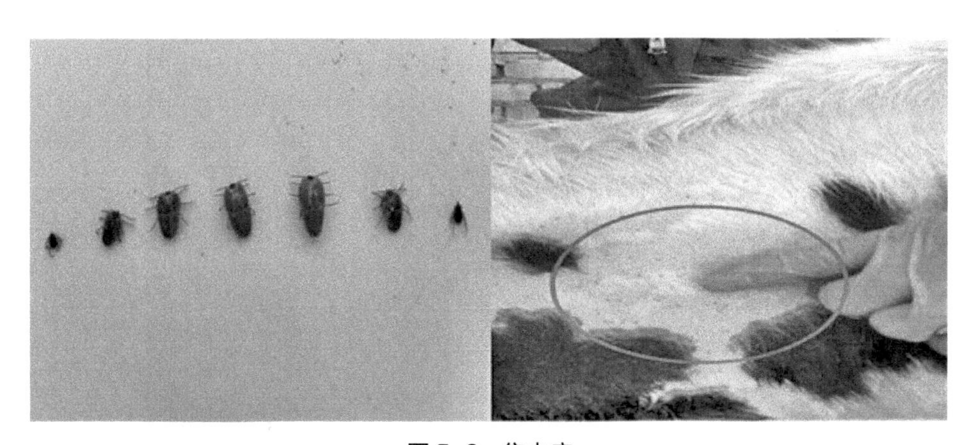

图 5-3　焦虫病

（二）治疗及预防

1. 治疗

对此病已有特效治疗药如贝尼尔、拜尔 205、黄色素等，只要及时、正确应用，均可取得满意效果。

2. 预防

（1）有蜱的地区应定期灭蜱，牛舍内 1 m 以下的墙壁，要用杀虫药涂抹，杀灭残留蜱。

（2）对牛体表的蜱要定期喷药或药浴，以便杀灭之。

（3）不要到有蜱的牧场放牧，对在不安全牧场放牧的牛群，于发病季节前，定期药物预防，以防发病。

六、结核病与布鲁氏菌病

（一）概述及诊断

结核病（图 5-4）是由结核杆菌引起的人畜共患的慢性传染病。病原菌在肺部组织中寄生形成结节，随后变为干酪样坏死，形成空洞。患者渐进性消瘦、衰弱，除肺部外，还有乳房结核、淋巴结核、肠结核等。结核杆菌按其致病性可分为人型、牛型和禽型，但各型之间可相互感染。人可通过空气及食用被污染的牛奶或其他食物而被感染。

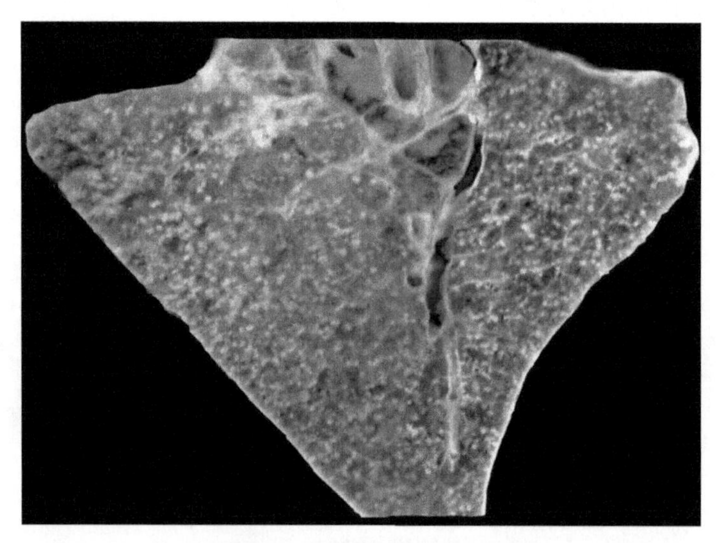

图 5-4　肺组织干酪样坏死

布鲁氏菌病（图 5-5）是布鲁氏菌引起的人畜共患的慢性传染病。奶公牛感染后发生睾丸炎，造成无精子症而影响生殖能力。人感染布鲁氏菌后出现弛张热，身体困倦、乏力，生活、工作能力下降，病情非常顽固，很难治愈。因为奶公牛是结核病和布鲁氏菌病的最易感动物，而且很容易通过奶公牛传给人，所以在奶公牛中加强结核病和布鲁氏菌病（俗称“两病”）的防治在公共卫生上具有重要意义。

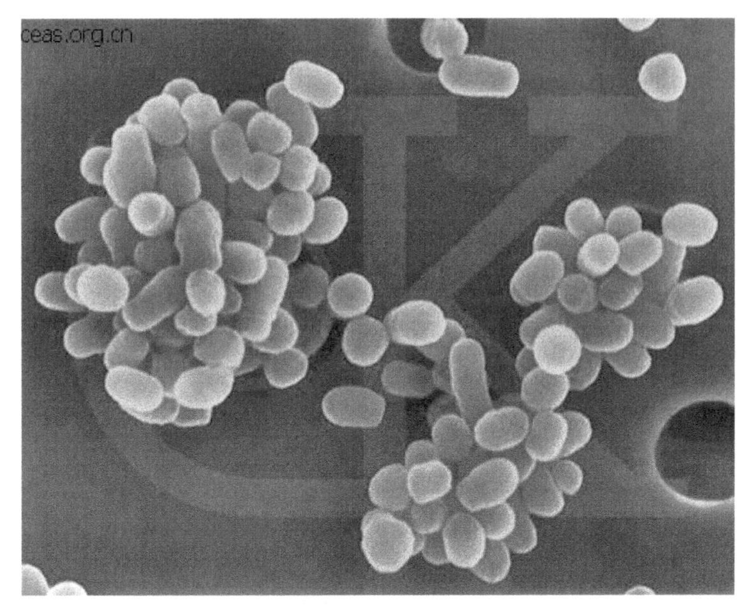

图 5-5　布鲁氏菌

（二）治疗及预防

（1）接受动物防疫监督部门的管理，定期完成对“两病”的检疫监测。

（2）在当地动物防疫部门监督下，每年至少进行一次结核病（用结核菌素试验——皮内注射及点眼）和布鲁氏菌病（采血送检——试管凝集法）检验，检出阳性牛应立即淘汰。

（3）引进奶公牛必须了解产地疫情，坚决不从“两病”疫区牛场引进奶公牛。对非疫区也要当地动物防疫部门出具近 1 个月内的检疫证明。运回后仍应隔离至少 3 个月，并经再次检疫证明为阴性者方可转入大群饲养。

（4）对场内工作人员，每年定期进行 1～2 次健康检查，发现有“两病”患牛应及时调出并给予治疗。同时对牛群进行全面检查。

（5）保持牛场内环境卫生并定期进行消毒。

七、肺炎

（一）概述及诊断

奶公牛常见的肺传染病有犊牛地方流行性肺炎（图 5-6）、慢性化脓性肺炎、牛传染性胸膜肺炎和牛肺丝虫病。犊牛地方流行性肺炎病因不明，与室内和运动场的拥挤造成病毒和继发性细菌感染有关，在改善饲养环境上进行预防。慢性肺炎通常是化脓性的，患牛早晚咳嗽明显，流清涕，呼吸困难，体温升高达 40℃。早期症状有：对环境失去兴趣，精神沉郁，无活力，不愿运动，头部伸长，耳朵下垂，眼鼻口部有分泌物，咳嗽，呼吸浅且急促。随着时间推移，疾病表现明显，发热、食欲下降，出现不同程度的呼吸困难和呼吸音，呼吸急促，精神沉郁，开口呼吸甚至死亡，经解剖可见肺部炎症、干酪样渗出物和坏死等。

图 5-6　肺炎（左）和正常（右）犊牛

（二）治疗及预防

（1）加强舍饲通风。越来越多的大型牧场实行群养，饲养密度越大越容易发生此病。尤其是犊牛喜欢相互舔舐等亲密接触，传染速度较快。放牧犊牛很少发生肺炎，而舍饲犊牛在断奶前易发肺炎，主要与饲养密度大有关。

（2）避免不同年龄的奶公牛混养。不同年龄阶段的奶公牛抵抗力不同，

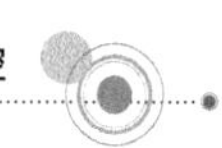

所接触的环境性致病菌的种类也不一样。大龄犊牛能抵抗过去的病菌，对幼龄犊牛就有可能致病。而且犊牛混养容易导致舔舐等癖好，不利于犊牛发育。因此必须杜绝混养，特别是避免不同年龄段的犊牛混养。

（3）及时隔离病牛。发现病牛必须第一时间隔离出来进行单独饲养和治疗，防止传染给健康牛只，这一点至关重要。

（4）净化结核。对病牛立即化验结核，排除结核阳性及时淘汰。

（5）定期彻底消毒。每天对犊牛舍定时、彻底消毒，轮流更换消毒药，力争最大限度地杀灭牛舍环境中存在的病原微生物，减少被传染的概率。

第二节　疫苗接种与保健

在饲养奶公牛的过程中，为了避免其在生长期间发病，需要定期给奶公牛注射疫苗，可以有效预防疾病出现。同时为了推动奶公牛产业的规模化、标准化、规范化生产，应坚持“预防为主”的方针，控制和减少奶公牛疫病的发生，保证奶公牛产业的健康发展。

一、疫苗接种

（一）口蹄疫免疫程序

犊牛出生后 4～5 个月首免，肌内注射牛羊 O 型口蹄疫灭活疫苗（单价苗）2 mL/ 头或牛羊 O 型、A 型口蹄疫双价灭活苗（多价苗）2 mL/ 头；首免后 6 个月二免（方法、剂量同首免），以后间隔 6 个月接种一次，肌内注射单价苗 3 mL/ 头或双价苗 4 mL/ 头。

（二）炭疽免疫程序

每年 10 月进行炭疽芽孢苗免疫注射，免疫对象为出生 1 周以上的牛只，翌年的 3—4 月为补注期。炭疽疫苗有 3 种，使用时任选一种。无毒炭疽芽孢苗：一岁以上的牛皮下注射 1 mL；一岁以下的牛皮下注射 0.5 mL。Ⅱ号炭疽芽孢苗：大小牛一律皮下注射 1 mL。炭疽芽孢氢氧化铝佐剂苗或浓缩芽孢苗：为上两种芽孢苗的 10 倍浓缩制品，使用时以 1 份浓缩苗加 9 份 20% 氢氧化铝胶稀释后，按无毒炭疽芽孢苗或Ⅱ号炭疽芽孢苗的用法、用量使用。

以上各苗均在接种后 14 d 产生免疫力，免疫期为 1 年。

（三）猝死症免疫程序

使用疫苗为牛羊厌氧氢氧化铝菌苗。奶公牛进行皮下或肌内注射，每头 5 mL。本品使用时应摇匀，切勿冻结。病弱奶公牛不能使用。

（四）泰勒焦虫的免疫程序

使用牛环形泰勒焦虫疫苗，在每年的 1—3 月对出生后 12 月龄以上的奶公牛进行一次免疫，每头肌内注射 1 mL，免疫期为 1 年。

（五）梭菌疫苗免疫

5 月龄首免，4 周后加强免疫一次。可以同口蹄疫疫苗同时免疫。13 月龄免疫一次。

（六）布鲁氏菌病疫苗免疫

国家划分了三类区域，是否必须或可以免疫，根据国家文件执行。海南省不得实施免疫。犊牛 4 月龄免疫一次。每月 5 号免疫。布鲁氏菌病免疫完成之后，为了解免疫是否成功，必须在免疫后 21 d 时，随机收集 25 头免疫牛群血样，进行虎红平板凝集实验检测，如果虎红平板凝集实验阳性率达到 90% 时，说明免疫成功，如果低于 90% 说明存在问题，需要重新免疫。注意免疫间隔为 21 d。

二、日常保健

（一）科学的饲养管理

科学的饲养管理对奶公牛养殖的效益也有十分积极的影响。根据奶公牛的不同生长阶段、体况、体重等情况调整日粮配方，提供全价饲草料，科学地进行饲养管理，创造舒适的生存环境，能够提高养殖的经济效益。

（二）夏季奶公牛的保健

夏季提供常温水即可，成年奶公牛每饲喂 0.5 kg 干物质则同时提供 1.5 kg 饮水，其余时间提供充足的饮水令其自由饮用，可以防止夏季热应激。

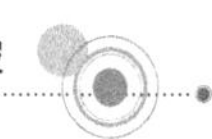

夏季还需要注意防暑降温，必要时期可以通过喷雾、洒水等来帮助奶公牛降温。

（三）冬季奶公牛的保健

奶公牛的饮水量受采食量、天气情况、日粮配比以及奶公牛的生理状况影响。奶公牛正常体温为 38.5～39℃，冬季提供的饮水应控制在 10～19℃。此外，冬季应该适当增加奶公牛的日照和运动时间。晒太阳能够促进奶公牛体内钙、磷的吸收，保证钙、磷比例平衡，防止成年牛出现骨质疏松的症状。

第六章

奶公牛养殖经济与市场分析

第一节　奶公牛养殖成本与效益

一、养殖成本项目构成

根据奶公牛养殖行业的现实情况可知，在土地租金上，不同养殖主体之间存在着明显差异。规模化养殖公司的土地多为国有性质，小规模养殖公司的土地则以集体土地使用权为主要形式，两者均不需要缴纳土地租金。因此，在以下的相关成本计算中，采用通用的养殖成本收益项目为核算对象，将奶公牛养殖成本分为物质成本和人工成本两类。其中，物质成本包括固定成本、饲料成本、犊牛成本以及当期各项其他费用，人工成本包括养殖场一线用工成本和办公室管理人员成本两部分。

二、养殖成本构成明细

（一）成本计算

总成本 = 物质成本 + 人工成本

物质成本 = 固定成本 + 饲料成本 + 犊牛成本 + 当期各项其他费用

单位出栏牛养殖成本 = 总成本 / 出栏牛产量

（二）物质成本

固定成本。包括养殖用大场房、犊牛岛、管理人员办公楼、一线人员操作间（巴杀间、奶厅、实验室等）、员工宿舍楼、各类基础设置（圈舍降温系统、刮粪板系统、三级沉降池等）、各类机械设备（叉车、铲车、挖机、夹包机等）。

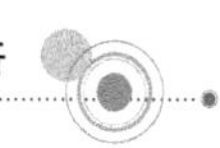

饲料成本。饲料投入，包括精饲料和粗饲料两部分。精饲料主要包括农作物的籽实（谷物、豆类及油料作物的籽实）及其加工的副产品，饲料成本以当期购买饲料原料时的单价和全年用量来计算。

犊牛成本。指外购的或自家培育的直接用于奶公牛育肥养殖的适龄犊牛，其具体的成本根据分批购买时市价的加权平均值进行确认。

当期各项其他费用。包括固定资产的折旧费、基础设施和机械设备的检修费、医疗防疫费、水电费、燃油费以及疫病所造成的损失等。

（三）人工成本

养殖场一线用工成本。指因雇佣直接参与奶公牛养殖的工人（如临时工、合同工等）而实际支付的所有费用，包括养殖场劳动人员的工资及其他的福利性支出等。一线用工成本还包括家庭劳动投入，这一成本按照机会成本计算，即当地务工工资；养殖总头数 10 头以上（包括母牛、犊牛和成牛）的养殖场的家庭劳动投入参照当地（所在县）同类务工的工资确定，养殖总头数 10 头及以下的家庭劳动投入参照当地最低工资标准计算。

三、养殖成本构成分析

程永金曾开展了对个体养殖户的实地调查、对公司养殖户的访问调查及专业领域专家的咨询。这些调查涉及上海市及江苏省的连云港市、宿迁市、南通市、淮安市等地区的养殖户和养殖公司等 240 个不同规模养殖主体。经过对抽样样本和数据的有效性进行筛选和汇总，得出有效数据 200 个。在此基础上将样本数据根据养殖规模进行了分类，主要分为以下 3 类：

大农户个体化养殖：养殖规模在 100 头以内，养殖设施较为简单，劳动用工主要以家庭成员为主，或者是由更小规模的个体组成的小型合作社的形式存在，商品牛直接贩卖，市场议价能力较低。

小型养殖场化养殖：养殖规模为 100～300 头，具备一定的养殖规模，养殖设施相对比较完善，劳动用工以家庭成员加雇工为主要形式，商品牛能直接向屠宰场出售，具有一定的市场议价能力。

大规模公司化养殖：养殖规模在 300 头以上，实施标准的公司化养殖模式，养殖设施完善，以劳动雇工为主要用工形式，直接与屠宰场签订购销合同或者实行养殖与屠宰一体化，具有很强的议价能力，甚至能在一定程度上影响小范围的市场价格。

根据表 6-1 可知，不同养殖规模的单位养殖总成本和各项养殖成本以及比重并无明显差异。在各项养殖成本中，单位架子牛成本最大，约占单位养殖总成本的一半；其次是单位饲料成本，约占单位养殖总成本的 36%；再次是单位人工成本，约占单位养殖总成本的 8.3%；单位固定成本和单位人工成本占比较小，分别只有约 3.7% 和 2.3%。其中，单位架子牛成本和单位饲料成本这两者加起来约占单位养殖总成本的 86%，因此这两者对养殖成本以及效益具有关键性的影响。

表 6-1　不同养殖规模的单位养殖成本构成及水平

养殖规模	固定成本		架子牛成本		饲料成本		人工成本		其他成本		总成本
	金额（元/kg）	比重（%）	金额（元/kg）	比重（%）	金额（元/kg）	比重（%）	金额（元/kg）	比重（%）	金额（元/kg）	比重（%）	金额（元/kg）
≤100 头	0.52	3.70	7.03	49.59	5.11	36.07	1.18	8.34	0.33	2.30	14.17
100～300 头	0.52	3.67	7.07	49.80	5.11	35.97	1.17	8.27	0.33	2.29	14.20
≥300 头	0.52	3.68	7.05	49.69	5.11	36.07	1.17	8.28	0.32	2.28	14.18

资料来源：程永金（2015）。

四、奶公牛养殖效益

（一）奶公牛育犊同其他养殖方式的收益比较

杂交牛繁育有母犊和公犊之分，两者的市场价格也有所差异，2021 年 5 月母犊的价格要高于公犊，250 kg 的母犊比公犊价格高 5 000 元左右，为了计算方便，以公犊和母犊平均值作为犊牛价格计算收益。杂交牛圈养模式下犊牛出栏体重 269.27 kg，出栏价格 1.6 万元；放牧模式下出栏体重 290.1 kg，出栏价格 1.7 万元；奶公牛出栏体重 259.3 kg，出栏价格 1.17 万元，同体重奶公牛价格比杂交牛低 2 000 元左右。

收益方面，将饲草料成本、人工成本和其他物质分摊计算在内，再考虑犊牛死亡率造成的损失情况，此时的圈养、半放牧和奶公牛育犊的周期收益分别为 8 174.15 元、11 592.50 元和 4 507.13 元。为了增强不同品种和不同养

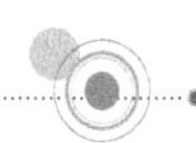

殖模式的可比性，表 6-2 还列出了繁育单头犊牛的平均月收益。数据显示，半放牧繁育模式的单头犊牛平均月收益最高，为 720.48 元；其次是奶公牛育犊，为 660.87 元；而杂交牛圈养繁育收益最低，为 534.96 元。

表 6-2　不同养殖方式下的养殖收益

项目	圈养	半放牧	奶公牛育犊
生产周期（月）	15.28	16.09	6.82
总成本（元）	7 200.09	4 901.50	6 770.15
母犊出栏价格（万元）	1.86	1.95	—
公犊出栏价格（万元）	1.34	1.45	1.17
犊牛均价（万元）	1.60	1.70	1.17
净收益（元）	8 174.15	11 592.50	4 507.13
平均每月净收益（元 / 月）	534.96	720.48	660.87

资料来源：薛永杰，2021。

与圈养和奶公牛育犊相比，半放牧繁育养殖虽然是传统方式，但是充分利用了当地的免费草场资源，节省了饲草料成本，繁育收益最高。而奶公牛育犊虽然饲草料消耗量要大于杂交牛，而且成长速度、出栏价格等多方面低于杂交牛，但是奶公牛育犊场不受基础生产母牛繁育周期影响，不需要进行基础母牛养护，养殖场可以专心育犊，省去了不少相关成本，奶公牛育犊的单位时间收益并不低于杂交牛。虽然舍饲圈养繁育的单位时间收益低于半放牧和奶公牛育犊，但是与半放牧相比，舍饲圈养的养殖规模一般要大于半放牧，养殖场的整体收益并不低；与奶公牛育犊相比，杂交牛具有品种优势，更受市场欢迎。

（二）影响奶公牛养殖效益的因素

1. 个体特征

农业经营者的行为会受到农户自身特征、生产经营特征及工作构成等属性的影响。农户年龄、受教育程度等因素，都能够充分反映其学习能力、社会活动能力、新事物接受能力、实践经验和技能等，进而体现在养殖场经营者的管理水平上。养殖场经营者的管理水平更是能够直接反映其在奶公牛养殖过程中的成本收益控制水平和人员管理能力，这些对养殖效率均有重要影响。

2. 奶公牛养殖场规模

较大规模奶公牛养殖场的配置效率高，其次是中等规模，小规模最差。具体点讲，较大规模奶公牛养殖场的成本配置效率、收入效率和利润效率较好，中等规模次之，而小规模最差。中等规模养殖场的成本效率最好，较大规模次之，小规模最差。养殖场规模越大，可利用的资源越多，在利用政府政策和社会环境方面更有优势，尤其是人力资本在经济效率中发挥了重要作用，抵御市场风险的能力也更强。

3. 相关及辅助产业

相关及辅助产业包括玉米及青贮来源和奶公犊来源。玉米和青贮作为饲料中的重要部分，对饲料成本的控制具有十分重要的作用。若当地玉米资源丰富，养殖场不仅可以在最短时间内收集到价格相对低廉的玉米原料，还可以制作充足的玉米青贮，能够极大降低饲料成本，增加养殖收益。奶公牛初生犊牛是奶公牛育犊的最重要种质资源，是奶公牛育犊的前提和基础。一方面初生犊牛就地培育具有地缘优势；另一方面奶牛场可以为奶公牛生长初期提供所必需的牛奶资源，奶公牛育犊与当地奶牛养殖场的关系非常密切。

4. 政府政策

政府政策会对产业发展起到重要作用，肉牛产业在当地农业产业中的地位、政府的态度以及当地环境规制情况等都会对产业发展产生重要影响。国内已有研究表明环境规制等监管政策会对农业全要素生产效率和技术效率产生影响，而且对畜牧业的影响具有鲜明的地域性。农业是弱质性产业，政府扶持会对农业发展产生直接促进作用，例如农机购置补贴会促进机械对劳动的替代从而提高农业生产效率，农业投入补贴和价格补贴都具有积极的收入效应，进而影响农业生产的利润率。养殖业的产业组织情况也会影响到奶公牛生产效率，当地合作社组织情况和养殖技术培训情况会对养殖户的具体管理行为和生产效率产生直接影响。

第二节　奶公牛市场与趋势

一、奶公牛育肥的发展趋势

随着奶牛业的迅速发展，每年的奶公犊产量大幅度提高，奶公犊的生产成本也逐渐降低。饲喂牛奶的犊牛，肉质鲜嫩，蛋白质丰富，脂肪含量低，

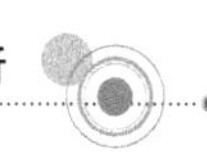

而相应的不饱和脂肪酸含量较高，胆固醇较低，这种保健牛肉非常符合老人和孩子的需求特点。目前奶公犊养殖技术不规范，在我国对于如何合理利用好奶公犊和过剩牛奶生产优质犊牛肉的工艺研究还处于起步阶段。国内大部分的奶公犊都用于育肥、生产血清等，造成了奶公犊资源的浪费，也降低了奶牛业的经济效益。像欧盟这样的发达地区，大多把大量的奶公犊作为肉用，以增加其优质牛肉的产量。由于奶公犊生产成本较低，饲料转化率较高，采用奶公犊生产优质牛肉是非常有前途的。我国奶牛饲养量大，奶公犊数量多，如果能充分利用奶公犊资源，一方面可以缓解我国牛肉供应不足的问题，另一方面还可以提供高品质鲜嫩牛肉以满足消费者的特殊需求，明显提高养殖者的经济效益。因此，如何从国外引进先进技术，充分发挥国内奶公犊的优势，开发优质的小牛肉，从而提高奶牛业的经济效益，是当前亟待解决的问题。

由于我国荷斯坦奶公牛肉用研究和生产起步较晚，仍然存在变动成本比重大、养殖成本上升明显、卖方市场发育程度低、养殖户议价能力弱、品牌建设程度低、收益潜力挖掘不足等问题，且至今尚缺乏完善的奶公犊育肥饲养标准。

今后奶公牛的研究和生产热点将主要集中于以下几方面：整合资源，改良品种；借鉴国外奶公犊育肥的经验，完善我国奶公犊肉用生产技术，研发我国利用奶公犊生产各种牛肉的饲养标准；研发并推行专门化饲料，降低饲料成本；确定不同的饲养阶段增重指标、屠宰指标、胴体分级系统、犊牛肉分级系统等，增加产品附加值；优化污染防治与治理投入机制，建立牛肉质量安全可追溯体系；提高养殖企业的整体合作水平，推动卖方市场的发育与完善。这对我国奶牛和肉牛产业间的良性循环和平衡发展具有重要意义。

第七章 奶公牛的养殖福利

随着我国奶业的迅猛发展，奶牛基数不断扩大，由此带来的是大批量的奶公犊数量激增，该部分资源非常适合用来生产高档牛肉产品。但因饲养奶公犊利润不高甚至无利润，同时也无法生产出合格牛肉产品以增加其附加值，导致 70% 以上的奶公犊是以提供犊牛血清的形式，落地后 3 d 内就直接屠宰，这不但浪费了大量奶公犊资源，而且不利于后续奶公牛育肥。造成上述问题的原因一方面是无相应的饲养和育肥技术支撑，另一方面则是奶公牛养殖福利状况过差，导致奶公牛育肥产品质量低和经济效益差。相较于西方发达国家，我国动物福利工作起步较晚，目前我国奶公牛养殖过程中仍存在草料不丰、饮水不洁、环境不佳、滥投药剂、粗暴饲喂、长途运输、野蛮屠宰等问题。因此，科学的奶公牛福利养殖技术亟待开发与推广，相关的奶公牛福利法律法规有待完善。

第一节 奶公牛福利的重要性

动物福利是为解决畜禽集约化养殖中存在的问题而提出的概念，是指动物如何适应其所处的环境，满足其基本的自然需求。2010 年，英国家畜福利委员会对家畜的养殖福利从营养、环境、健康、精神状况和行为五方面提出了五项自由原则，具体内容如表 7-1 所示。

表 7-1 五项自由原则

原则	内容	范围	意义
1	避免饥饿的自由	营养	动物随时可获得新鲜洁净的饮水和食物
2	避免环境不适感的自由	环境	动物生活在健康、舒适的环境中
3	免受疼痛、损伤和疾病的自由	健康	为动物进行疾病预防、诊断以及治疗

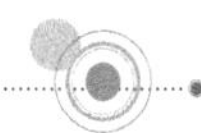

（续表）

原则	内容	范围	意义
4	免受惊吓和恐惧的自由	精神状况	动物在所提供的环境内能够避免精神痛苦
5	能够表现绝大多数正常行为的自由	行为	动物有足够的空间、设施以及同伴

资料来源：张红等，2020。

（1）产品品质要求。随着我国不断增长的物质及营养需求，人们对畜禽产品品质及安全提出新要求，尤以日常需求量极大的牛肉品质关注度较高。我国规模化、集约化的肉牛及奶公牛饲养模式为社会提供大多数的牛肉产品，但其品质及安全存在隐患。在饲养方面，减少抗生素的滥用及规范重金属的添加量是改善我国畜禽产品安全的基本要求；在管理方面，一些养殖场所为畜禽养殖提供的环境并不乐观，如有害气体浓度超标、粪污处理不规范、防疫工作不到位导致各种病毒滋生的现象等，这些都给社会带来公共卫生安全隐患。推广动物福利的实施，有利于改善和优化动物生存环境，提高动物自身健康和疾病预防能力，对畜禽产品品质将产生较大的改进。有研究者认为，如果动物福利疏于管理，就会威胁食品安全，直接损害人类健康。因此，改善我国农场动物福利不仅有利于提升我国畜禽产品品质，还可以为保证公共卫生安全作出贡献。

（2）公共伦理道德建设。动物福利在全球范围内引起广泛关注，相应的动物福利立法也逐渐在各国推行。这表明动物福利理论和法规的制定已经适应了社会对精神文明的需求。儒家思想主张“仁民爱物”，强调人与自然的和谐共处。在这种观念下，外部的动植物被视为人类生存环境的一部分，人与动物之间存在相互依存的关系。因此，动物福利原则在某种程度上符合中国传统文化对待动物的理念，也与我国当前构建和谐社会的目标相契合。尽管中国正处于经济快速发展阶段，但公共伦理道德建设仍然至关重要。在养殖场，一些生产员工对动物福利的认识较为淡薄，习惯性地对农场动物施以吆喝、打骂，甚至发生虐待现象。一些网络事件，如“虐猪门”“虐牛事件”等，对社会和谐稳定产生了严重的不良影响。许多网民纷纷呼吁加强对农场动物的保护，希望通过法律手段使动物福利得到更好的保障，以便公民更好地遵守相关规定。因此，可以看出，动物福利与公共伦理道德建设之间存在密切关系。

（3）我国在动物福利认识和实践上与西方发达国家存在差距，影响了我国动物、产品及相关服务在国际贸易中的发展。据报道，美国、欧盟等发达国家和地区逐步对与动物福利相关的产品进行商标规范化，一些国家已经将动物福利作为进口活体动物和动物产品的重要检测标准。这种趋势对我国畜禽产品的质量提出了新的挑战。另外，欧美等国家已建立较为系统和全面的动物福利法律体系，并不断进行改进和提高。这为减轻我国畜禽产品在国际贸易中遇到的贸易壁垒提供了借鉴。在饲养、生产和经营动物产品方面，考虑动物福利已经成为不可逆转的趋势。

第二节　奶公牛福利与健康

一、饲料、饮水与奶公牛福利

（一）饲料

许多养殖场及养殖户为了追求高产量和高利润，经常盲目使用各类饲料及饲料添加剂，忽视了奶公牛的生理特点与营养需要。常见的问题是采用高能量和高精料日粮，使得精料与粗料的比例偏向高能量饲料，达到 60∶40 甚至 70∶30，导致纤维素含量显著减少，不利于奶公牛的正常生长发育，可能出现消化机能障碍、瘤胃角化不全、瘤胃酸中毒等问题。在小规模育肥场饲养中，滥饲乱喂的现象也很普遍。一方面，存在滥用或过量使用矿物质、维生素、抗生素等添加剂的情况，造成牛只中毒；另一方面，饲喂营养成分不全的饲料会导致牛只发生营养缺乏症，保证奶公牛的优质饲料是必须的。此外，不规律的饲喂方式，如饥一顿、饱一顿，也会影响牛只的正常生长发育。在一些情况下，育肥场甚至不对存栏育肥牛只编耳号，而是直接在牛体上打烙印，引起牛的三级烫伤，这种烫伤不仅带来疼痛，更严重的是应激导致采食量下降，致使牛只体重下降并出现消瘦现象。因此，在奶公牛饲养过程中，必须遵循饲养标准，科学搭配日粮，强化营养管理，以维持奶公牛良好的瘤胃环境，提升其福利水平，进而促进其健康生长。

（二）饮水

提供给奶公牛清洁卫生的饮水是保障其福利的基本要求。在我国部分地区存在人畜饮水问题，使用不同水源，包括井水、河水、池塘水，甚至依赖

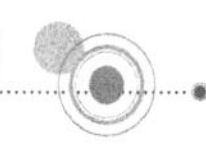

雨水和融雪。尤其在老少边穷、干旱和落后地区，人们往往难以获取清洁卫生的饮水，而牛只的饮水更加难以保证。在牛只饮用水中，常常检测到致病微生物和超标的有害金属元素。充足且优质的饮水供应对于奶公牛的健康至关重要。不良的饮水条件可能导致牛只水分摄入不足，影响其健康和生产性能。此外，冬季水温过低可能会引起牛只的应激反应，影响消化吸收和营养利用，从而降低生产性能。因此，牛场应该提供干净、温暖的饮水，定期清洁和维护饮水设备，以确保牛只的健康和福利。

在生产实践中，为了避免牛只之间的进食竞争，饲料和饮水的布局需要合理规划。饲槽和水槽的尺寸应当满足牛只的需求，以确保其生产性能不受消极影响。根据 RSPCA（The Royal Society for the Prevention of Cruelty to Animals）肉牛福利标准，针对奶公牛的体重，设定了限饲和自由采食的饲槽长度标准。对于 7 日龄以上的牛，必须每天持续提供新鲜充足且清洁的饮水。饮水槽的设计应确保全群 10% 的牛只能同时饮用，对于体重在 350～700 kg 的奶公牛，每头至少需要 450～700 mm 的饮水槽宽度。饮水槽的有效周长标准根据不同的肉牛养殖规模而定。

二、饲养管理与奶公牛福利

（一）饲养密度

饲养密度是影响奶公牛生产的环境因素之一，主要反映圈舍、围栏内奶公牛的养殖密集程度。合理的饲养密度是奶公牛养殖场内环境管理的一个关键指标，可影响奶公牛圈舍的空气卫生情况和圈舍合理使用情况以及奶公牛的生长发育。

饲养密度过大会带来多方面的负面影响。首先，限制了奶公牛的自由活动，使其无法充分表达天性，易产生应激，从而表现出异常行为。其次，大量的奶公牛会排泄大量的粪尿，污染生活环境，增加空气中的氨气浓度，可能导致氨中毒。再次，过大的饲养密度会导致牛舍温度升高、污气重，二氧化碳浓度增加，氧气含量降低，这种低氧的环境容易引发各种疾病，影响奶公牛的生产性能。最后，过高的饲养密度增加了奶公牛之间的接触机会，进而增加了疾病传播的风险，对奶公牛的健康造成危害。因此，为了维护奶公牛的福利和健康，需要合理控制饲养密度，确保其有足够的空间和舒适的生活环境。

为了确保奶公牛的饲养密度福利，需要合理规划饲舍空间，提供充足的舒适空间和良好的通风条件。奶公犊（图 7-1）阶段尽量保证单栏饲喂，定期清理饲舍，保持干净整洁，提供高质量、均衡的饲料和清洁的饮水。组建合适规模的牛群，提供足够的社交空间，避免过度拥挤和社交冲突。定期运动和户外活动有助于维持奶公牛的健康和肌肉活动。定期健康检查和疫苗接种是必要的，员工培训和监督确保饲养过程符合最佳实践。通过这些综合措施，可以提高奶公牛的饲养福利，保障其健康和生产性能。

图 7-1　单栏饲喂的奶公犊

（拍摄于新乐市君源牧业有限公司）

（二）饲养环境设施

在牛场管理中，牛床、地面和运动场等因素对肉牛的健康和生产性能具有重要的影响。

1. 牛床

牛床的舒适度直接影响牛只的反刍和休息行为。如果牛床设置不舒适，导致牛只长期处于站立状态，会影响它们的休息和消化过程，进而影响生产性能。为了提高牛床的舒适度，可以考虑采用适宜的填充材料，如干草、木

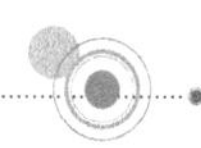

屑或橡胶垫，以提供足够的支撑和软垫。此外，定期清洁和更换牛床材料也是保持舒适度的关键。牛床的尺寸设计需确保奶公牛能自如地起卧和活动，避免设计过短导致空间不足，应充分考虑奶公牛在起立时的移动距离。同时，也要避免设计过长的牛床，因为这容易导致粪便堆积，影响卫生和奶公牛健康，适当的长度有助于保持清洁和舒适的环境。在选择牛床垫料时，要考虑其对牛只舒适度的影响，比如沙子垫料有助于清洁，而稻草垫料则更为舒适，选择时需综合考虑清洁性和舒适度，并根据奶公牛群体的特点进行合理配置。

2. 地面

地面的清洁卫生和材料选择对牛只的健康和生产性能至关重要。混凝土地面是常见的选择，但沙土地面可能更容易清洁，并减少肢蹄病的风险。高硬度的漏缝地板可能会对肉牛的肢体健康造成不利影响。因此，在选择地面材料时，需要考虑清洁性、舒适度和对肢体健康的影响。牛舍的地面首要考虑是保持清洁和干燥，确保地面干净，有利于维持奶公牛肢蹄健康。理想的地面特征是致密、坚实但又不失柔软。同时，设计应考虑方便消毒和粪尿清理，以确保卫生水平。水泥地面通常便于清理，而橡胶地面则提供更舒适的表面，有助于肉牛的行走。在选择地基材料时，需要根据肉牛的活动特点和舒适需求做出合理的决策。整体而言，地面设计在维护卫生、肢蹄健康和提供适宜环境方面发挥关键作用。

3. 运动场

运动场（图 7-2）对肉牛的健康和生产性能也具有重要影响。适当的运动有助于提高肉牛的体能和心理健康。然而，劣质的运动场地面可能不平整，增加了蹄病的风险。因此，建设运动场时应选择合适的材料，并确保地面平整。不同地面材料对卫生有着不同的影响，因此在选择时需要综合考虑清洁性和舒适度。此外，分区设计也是关键之一，可以根据肉牛的需求，在运动场内设置不同的区域，采用不同的地面材质。比如，可以利用水泥、砖石、干牛粪和沙土等材料，满足牛只在不同条件下的舒适运动需求。这样的设计可以提供更多选择，并最大程度地满足肉牛的健康和舒适需求。

合理管理牛床、地面和运动场等对于提高肉牛的健康和生产性能至关重要。定期检查和维护这些设施，确保它们符合奶公牛的需求和舒适度，对于牛场的经济效益和可持续发展具有重要意义。

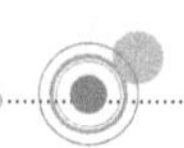

图 7-2　舒适的运动场

（三）去角

奶公犊出生后 1 周后用腐蚀性化学物质或热烙术去除角芽。一般实施该手术时犊牛年龄都超过了 1 周龄，而且通常都没有实施局部麻醉，造成剧烈疼痛。针对去角手术可能带来的疼痛和伤害，应考虑以下建议：首先，尽量避免对牛进行去角手术，特别是对成年牛；其次，积极培育无角牛品种，减少对其他动物和设施的伤害；如确有必要进行去角手术，应在犊牛 7～30 日龄实施，并配合使用止痛剂，超过 30 日龄时应优先考虑使用局部麻醉或止痛剂；最后，采用电烙铁法去角，并在手术后 24 h 内密切观察犊牛，以及时发现并处理任何异常情况，从而保障犊牛的福利和健康。

（四）去势

去势对奶公牛可能造成严重的急性和慢性疼痛，涉及的福利问题包括疼痛、感染、出血和伤口愈合等。虽然已有一些国家成功地饲养未去势的公牛，但出于管理和处置的考虑，一些牛场仍然需要对公牛进行阉割。在德国，大约 70% 的牛肉来自未去势的公牛。为了改善这一情况，可以探索替代方法或技术，以减缓公牛的疼痛与不适，同时加强预防感染和出血等并发症的控制，确保阉割过程尽可能地减少对牛只的负面影响，从而提升肉牛的福利水平。建议采取以下措施：首先，尽量避免对牛实施阉割；其次，如确有必要，应在犊牛 1～3 月龄进行手术，并配合使用止痛剂，超过 3 月龄时同样应使用止

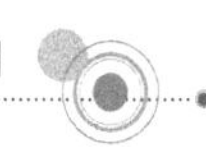

痛剂；再次，应细心观察和照顾被阉割的犊牛，及时处理任何异常情况；最后，确保操作人员受过专门培训，熟练迅速地进行手术，并具备鉴别并发症的能力。以上措施将有助于减少阉割过程中对牛只造成的痛苦，提升其福利水平。

（五）分娩问题

立即或不久就将犊牛与母牛分开的做法对母牛和犊牛的福利都存在着不利影响，导致母牛失去了与犊牛的母性接触，影响了它们的福利和情感状态。母牛可能会经历情绪上的压力和不适，而犊牛则可能缺乏母亲的抚慰和照顾。此外，由于犊牛的免疫系统尚未完全成熟，分开后容易受到感染，增加了患病的风险。因此，为了提高母牛和犊牛的福利水平，可通过净化环境卫生，消除环境中的病原菌，减少病菌感染犊牛的机会。其次，将犊牛留在母牛身边，有助于增加总产奶量并降低乳腺炎发病率。同时，对犊牛来说，与母牛在一起有助于加强母性行为表现，并促进社交，减少恐惧感。因此，延迟分离时间可以改善母牛和犊牛的福利状况。

第三节　奶公牛福利与产品质量

随着社会发展，人们对食品安全及动物福利的关切日益增加。动物福利不仅影响动物产品品质与安全，也关系到畜产品的可持续发展。在此背景下，奶公牛作为主要肉品来源，其福利问题备受关注。提高动物福利不仅符合人道主义理念，更有助于提供更健康、安全的畜产品，为可持续发展奠定基础。因此，在肉牛的运输和屠宰过程中给予适当福利应成为重要举措，以满足人们对高品质肉牛产品的需求。

一、出栏运输与产品质量

（一）驱赶

在肉牛的装卸、驱赶和宰杀过程中，绝对禁止使用暴力手段对待牛只，包括殴打和踢打，并应避免使用尖锐硬物来驱赶。驱赶工人必须具备耐心，根据牛只的习性进行驱赶，并推广使用新型的驱赶工具，如压缩空气棒，以提升牛只的福利水平，减少应激反应和皮肤伤害，从而保障牛肉产品的品质。

（二）装卸

肉牛在装卸过程中的应激会直接影响肉质，特别是从牛圈转移到卡车这一阶段。常见问题包括设计不符合动物福利要求的牛圈和牛栏，导致装卸时的剧烈驱赶和伤害。运输工人可能采用棍棒、叫喊、奔跑等方式威吓动物，甚至击打敏感区域，导致应激行为增加，肉质受损，如皮肤瘀伤增加、DFD肉（暗红色、质地坚硬、表面干燥的干硬肉）比例上升等。为解决这一问题，应使用适当的装卸设备，尽量水平装卸牛只，坡道要平缓，通道设计无障碍，装卸过程中尽量减少外力，避免粗暴驱赶，确保牛到达目的地后及时卸载。

（三）运输

在奶公牛运输过程中，不仅面临生产损失和牛只死亡的福利问题，还存在导致肉质下降的潜在威胁。在不同季节和长途运输中，牛只可能受到极端天气和运输条件的影响，例如高温高湿导致PSE肉（色泽灰白、质地松软、没弹性且表面有汁液渗出）产生，尖锐边缘和滑腻地板引发外伤，长途运输影响牛只体重和宰后肉质。此外，拥挤车厢和颠簸路况导致伤害和恶劣的运输环境，使牛只过度紧张和疲劳，进而影响肌肉pH值和最终肉品质。解决这些问题的关键在于考虑季节和运输时间，提供适当的防暑降温和防寒设施，确保充足的饮水和饲料，采取防滑和保护措施，减少运输时间，最终提高动物福利和肉品质。

二、屠宰与产品质量

屠宰过程直接影响肉品质量，包括肉的新鲜度、口感和卫生安全等方面。一些潜在的问题包括屠宰环境的卫生状况、宰杀方法的合理性、屠宰设备的维护情况以及工作人员的操作技能等。确保屠宰过程符合卫生标准和动物福利要求至关重要，因为不良的屠宰条件可能导致肉品受到污染、细菌感染或损伤，进而影响肉品的质量和食用安全。合理的宰杀方法应是快速、无痛苦、有效的，以减少动物的痛苦和应激反应。宰杀设备需要保持锋利，以确保宰杀过程迅速，且对动物造成最小的痛苦。此外，宰杀后应该立即进行鲜肉处理，避免肉品污染和细菌滋生。工作人员的培训和技能水平也至关重要，他们需要了解正确的屠宰操作流程，包括处理屠宰副产品和废料的方法，以及

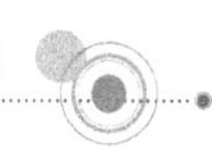

对屠宰设备进行基本维护和清洁的要求。高素质的工作人员不仅可以提高屠宰效率，还能够保证肉品的质量和安全。因此，为了确保肉品质量，屠宰过程中需要重视卫生安全、动物福利和操作规范等多方面的问题，从而提高肉品的质量和市场竞争力。

不符合动物福利要求的奶公牛屠宰会对牛只造成身体伤害和极大应激，进而影响牛肉品质。屠宰过程中使用电刺棒或棍棒、不当的击晕方法以及放血不完全等不当操作会导致 PSE 肉或 DFD 肉等质量问题。研究显示，宰前致晕与否对肉的 pH 值和蒸煮损失影响不大，但电击未致晕屠宰会降低肌肉持水能力、嫩度和颜色值，增加脂肪氧化值和峰值力。尽管致晕与否对 pH 值和蒸煮损失影响不大，但屠宰后不同贮藏时间会导致保水能力、嫩度、脂质氧化和色泽等方面的显著差异，尤其在半腱肌部位。应激时释放的皮质醇和儿茶酚胺直接影响肉的酸化，而电击屠宰的动物中这些物质含量明显升高。因此，对奶公牛实施电击致晕后屠宰在卫生、感官质量和肉类货架期方面相对于传统无电击屠宰更具优势。

参考文献

柏仕均，2023. 肉牛腐蹄病发病原因、临床特征及防治措施分析 [J]. 中国动物保健，25（10）：85–86.

卜也，孟祥人，刘利，等，2023. 肉牛生产中瘤胃酸中毒的诊断与治疗 [J]. 黑龙江八一农垦大学学报，35（4）：51–53.

蔡辉益，李德发，2004. 动物营养研究进展 [M]. 北京：中国农业科学技术出版社 .

曹兵海，2009. 我国奶公犊资源利用现状调研报告 [J]. 中国农业大学学报，14（6）：23–30.

曹兵海，2009. 我国奶公犊资源利用现状调研报告我国奶公犊资源利用现状调研报告 [J]. 中国农业大学学报，14（6）：23–30.

曹兵海，李俊雅，王之盛，等，2020. 2019 年度肉牛牦牛产业技术发展报告 [J]. 中国畜牧杂志，56（3）：173–178.

曹兵海，李俊雅，王之盛，等，2023. 2022 年度肉牛牦牛产业技术发展报告 [J]. 中国畜牧杂志，59（3）：330–335.

曹兵海，张越杰，李俊雅，等，2022. 2021 年度肉牛牦牛产业技术发展报告 [J]. 中国畜牧杂志，58（3）：245–250.

曹琼，陈静，王消消，等，2012. 肉牛舍饲不同育肥技术对饲料粮消耗程度比较分析 [J]. 饲料研究（7）：47–50.

陈杰，2003. 家畜生理学 [M]. 北京：中国农业出版社 .

陈平，杨春芳，张永宏，等，2020. 不同颗粒料对奶公犊牛育肥效益的影响 [J]. 甘肃农业科技（5）：36–39.

陈幼春，1999. 现代肉牛生产 [M]. 北京：中国农业出版社 .

程永金，2015. 苏沪地区肉用奶公牛养殖的成本收益分析 [D]. 上海：上海海洋大学 .

崔姹，杨春，王明利，2017. 当前我国肉牛业发展形势分析及未来展望 [J]. 中国畜牧杂志，53（9）：154–157.

邓奇风，毛宏祥，冯泽猛，等，2016. 我国农场动物福利的研究现状与展望 [J]. 家畜生态学报，37（11）：6–10.

邓祝新，魏莎，黄子诚，等，2024. 牛瘤胃积食的原因及治疗方法探析 [J]. 中国畜

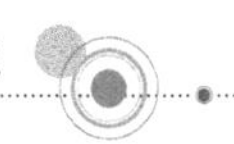

牧业（1）：114-115.
翟学林，王纯洁，敖日格乐，等，2023. 肉牛运输应激研究进展 [J]. 饲料研究，46（16）：152-157.
丁丽艳，孙芳，何宝国，等，2017. 奶公犊牛生产小白牛肉的培育及开发利用 [J]. 现代畜牧科技（1）：6-7.
杜柳，李秋凤，李妍，等，2016. 散栏饲养和去势对荷斯坦公牛育肥性能的影响 [J]. 中国农业科学，49（17）：3443-3452.
杜梅，2019. 初生犊牛肉肉用价值研究及产品开发 [D]. 呼和浩特：内蒙古农业大学 .
杜梅，赵丽华，靳烨，2018. 犊牛肉营养品质的测定 [J]. 肉类工业（12）：11-16.
冯华，2012. 我国高档牛肉国产化率大幅提升 [J]. 农业知识（33）：13.
冯仰廉，2004. 反刍动物营养学 [M]. 北京：科学出版社 .
付尚杰，王曾明，刘文信，2000. 小白牛肉生产技术的研究总结报告 [J]. 黑龙江畜牧科技（3）：1-4.
尕才仁，宋永鸿，王谢忠，2023. 牛肺炎的中兽医治疗和预防对策 [J]. 北方牧业（24）：35.
高巍，张建杰，张艳舫，等，2020. 中国奶业全产业绿色发展指标的时空变化特征 [J]. 中国生态农业学报（中英文），28（8）：1181-1191.
高晓晶，2023. 肉牛瘤胃积食的预防措施 [J]. 吉林畜牧兽医，44（10）：19-20.
公维嘉，张曼，尹佳佳，等，2019. 奶肉牛杂交复合发展新模式 [C]// 中国畜牧业协会，甘肃省农业农村厅，甘肃省平凉市委，甘肃省平凉市人民政府 .2019 中国牛业进展——第十四届（2019）中国牛业发展大会论文集 .
观研报告网，2017-06-28. 2017 年我国牛肉行业市场供给难以为继：出肉低、存栏少，出栏率高 [EB/OL]. https://market.chinabaogao.com/shipin/062RVT32017.html.
光有英，2022. 尿素糖浆营养舔砖对放牧牦牛和藏羊的补饲效果 [J]. 中兽医学杂志（9）：12-14.
郭珍珍，孙芳，丁丽艳，等，2020. 荷斯坦公犊牛生产小牛肉的研究进展 [J]. 现代畜牧科技（2）：1-4，11.
国务院办公厅，2020-09-27. 国务院办公厅关于促进畜牧业高质量发展的意见 [EB/OL]. 中华人民共和国中央人民政府，2020 年 9 月 27 日，https://www.gov.cn/zhengce/content/2020-09/27/content_5547612.html.
韩天龙，王敏，赵瑞霞，等，2014. 肉牛生产福利研究进展 [J]. 家畜生态学报，35

（3）：81-84.
韩正康，陈杰，1988. 反刍动物瘤胃的消化和代谢 [M]. 北京：科学出版社 .
韩志熠，秦贵信，甄玉国，等，2020. 荷斯坦奶公犊牛颗粒料蛋白水平优化研究进展 [J]. 饲料研究，43（4）：148-151.
何炎武，1992. 家畜生理学 [M]. 北京：高等教育出版社 .
中华人民共和国农业农村部，2021. 荷斯坦牛公犊育肥技术规程：NY/T 3798—2020[S].
红叶，2015. 育成牛放牧饲养技术要点 [J]. 中国动物保健，17（4）：17-18.
候景辉，李英豪，林大林，等，2023. 西门塔尔牛焦虫病的诊断治疗分析 [J]. 现代畜牧科技（3）：82-84.
胡猛，张文举，鲍振国，等，2012. 奶公犊资源利用及肉品质评价 [J]. 中国奶公牛（8）：26-29.
华经产业研究院 - 华经情报网，2021-03-05. 2021 年中国牛奶养殖行业现状、市场竞争格局及重点企业分析 [EB/OL]. https://zhuanlan.zhihu.com/p/573482341.
霍灵光，田露，张越杰，2010. 中国牛肉需求量中长期预测分析 [J]. 中国畜牧杂志，46（2）：43-47.
江昱明，孟庆翔，任丽萍，2015. 利用奶公犊生产小白牛肉的关键技术 [J]. 中国畜牧杂志，51（S1）：117-120.
蒋晓美，2013. 肉牛的养殖及育肥技术 [J]. 中国畜牧兽医文摘（6）：49-50.
李冰，2023-03-12. 2023 年中国奶公牛养殖发展现状分析：存栏量提升，大型牧场占据市场主流 [EB/OL]. 智研咨询，2023 年 3 月 12 日，https://www.chyxx.com/industry/1138471.html.
李博，张元庆，程景，等，2020. 不同饲粮结构对荷斯坦奶公犊肉品质的影响 [J]. 中国畜牧杂志，56（11）：135-139.
李国景，陈永福，焦月，等，2019. 中国食物自给状况与保障需求策略分析 [J]. 农业经济问题（6）：94-104.
李浩然，2022. 补饲全乳或代乳粉对奶公犊生长性能、肉品质和血清生化指标的影响 [D]. 哈尔滨：东北农业大学 .
李景荣，蔡长霞，莫胜军，等，2011. 小白牛肉全乳生产技术初探 [J]. 畜牧兽医科技信息（7）：2.
李岚，侯扶江，2016. 我国动物生产的经济分析 [J]. 草业学报（1）：230-239.
李秋凤，杜柳柳，曹玉凤，等，2017. 中国荷斯坦奶公牛肉用研究进展 [J]. 畜牧与兽医，49（8）：138-141.

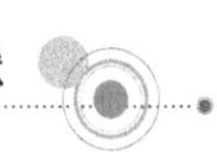

李胜利，2009. 国内外小白牛肉的生产研究现状综述 [J]. 乳业科学与技术，32（5）：201-204.

李胜利，姚琨，曹志军，等，2013. 发达国家奶业发展趋势 [J]. 中国畜牧业（18）：58-61.

李胜利，姚琨，曹志军，等，2022. 2021 年奶公牛产业技术发展报告 [J]. 中国畜牧杂志，58（3）：239-244.

李胜利，姚琨，曹志军，等，2023. 2022 年度奶公牛产业技术发展报告 [J]. 中国畜牧杂志，59（3）：316-322.

李晓蒙，李秋凤，曹玉凤，等，2015. 饲粮能量和蛋白质水平对荷斯坦公牛生长育肥性能及血液化指标的影响 [J]. 动物营养学报，27（4）：1252-1261.

李妍，李晓蒙，李秋凤，等，2016. 不同营养水平日粮对奶公牛直线育肥性能的影响 [J]. 草业学报，25（1）：273-279.

李妍，张杰，李秋凤，等，2016. 亚麻籽和维生素 E 对育肥期荷斯坦奶公牛屠宰性能及肉品质的影响 [J]. 黑龙江畜牧兽医（9）：107-110.

刘高坤，姚琨，王思伟，等，2021. 高精料肥育对奶公犊生长性能及生产效益的影响 [J]. 中国奶公牛（3）：1-5.

刘高坤，姚琨，王思伟，等，2021. 荷斯坦奶公犊肥育研究展 [J]. 黑龙江畜牧兽医（5）：30-34.

刘莹莹，2008. 补饲水平对放牧杂交肉牛生产性能和血液生化指标的影响 [D]. 长沙：湖南农业大学 .

刘玉满，李胜利，2013. 中国奶业经济研究报告 2012[M]. 北京：中国农业出版社 .

刘月，邵丽玮，赵志强，等，2020. 奶公犊育肥与外购肉牛育肥效益比较 [J]. 今日畜牧兽医，36（2）：47-48，43.

罗晓瑜，2012. 以色列肉牛业生产情况介绍 [J]. 中国畜牧业（10）：52-55.

莫佳蓓，刘庆友，2017. 中国和日本奶公牛养殖业规模化发展的比较分析 [J]. 江苏农业科学，45（9）：303-307.

莫能沛，2023-05-23. 2022 年中国奶公牛养殖行业分析，下游乳制品需求强劲，奶公牛存栏量持续增长 [EB/OL]. https://www.huaon.com/channel/trend/897705.html.

农小蜂，2023-12-22. 一图读懂中国肉牛产业现状 [EB/OL]. https://www.weihengag.com/home/data/productdetail/id/271/doc_id/21465.

欧赛斯，2020-10-29. 全方位透视中国牛肉市场趋势、消费趋势及竞争格局 [EB/OL]. https://zhuanlan.zhihu.com/p/268342425.

欧四海，杨阳，陈爱江，等，2024. 浅谈新疆生产建设兵团第八师乳肉兼用牛养殖融合发展 [J]. 养殖与饲料，23（1）：59-62.
欧宇，2002. 欧美小牛肉生产现状 [J]. 中国草食动物（6）：44.
齐皓天，韩啸，龙文军，2020. 如何满足中国日益增长的牛肉需求：扩大生产还是增加进口 [J]. 农业经济问题（11）：87-96.
曲春红，司智陟，魏晓娟，2021.“十二五”国内牛羊肉市场回顾及”十三五”展望 [J].（2006-11）：12-15.
沈海花，朱言坤，赵霞，等，2016. 中国草地资源的现状分析 [J]. 科学通报，2：139-154.
宋霜，姜鹏语，王成立，等，2023. 牛羊布鲁氏菌病及其综合防控 [J]. 畜牧兽医科技信息（10）：98-100.
苏金光，2017. 奶公犊牛育肥饲养管理技术 [J]. 养殖与饲料（6）：2.
苏林，2021. 双循环格局下我国肉牛产业如何实现高质量发展——基于国内肉牛市场的供需分析 [J]. 当代畜禽养殖业（6）：38-40.
苏强，2015. 发展现代草地畜牧业 [J]. 畜牧兽医杂志，34（3）：122.
孙芳，陈遇英，吴民，2010. 国外奶公牛肉生产技术现状及对我国肉牛产业技术体系的启示 [J]. 黑龙江八一农垦大学学报（4）：95-100.
孙芳，魏亭，姚凤君，等，2003. 小白牛肉生产技术试验报告 [J]. 黑龙江畜牧兽医（11）：18-19.
孙凤俊，邴印忠，徐俊伟，1999. 国内外肉牛生产现状及发展趋势 [J]. 农业系统科学与综合研究（3）：232-235.
孙满吉，李浩然，管晓轩，等，2022. 补饲全乳或代乳粉对奶公犊生长性能、肉品质和血清生化指标的影响 [J]. 东北农业大学学报，53（7）：35-43.
孙鹏，2018. 犊牛饲养管理关键技术 [M]. 北京：中国农业科学技术出版社 .
田丽萍，阚明，2023. 犊牛肺炎的防治 [J]. 北方牧业（20）：24-25.
汪丹，2016. 代乳粉饲喂时间对奶公犊生长性能、血清生化和免疫相关指标的影响 [D]. 郑州：河南农业大学 .
王大可，李齐，2021. 浅谈规模化肉牛养殖福利 [J]. 吉林畜牧兽医，42（10）：82.
王佳雪，陶慧，王振龙，等，2024. 放牧家畜冷季补饲研究进展 [J]. 中国畜牧杂志，1（22）：1-14.
王敏，孙宝忠，张利宇，2005. 国内外犊牛肉发展现状 [J]. 中国食物与营养（7）：36-37.
王明利，孟庆翔，2009. 我国肉牛产业发展形势及未来走势分析 [J]. 中国畜牧杂

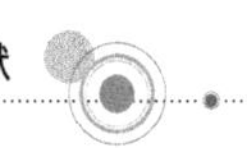

志，45（8）：5-8.
王晓玲，2015. 不同营养水平代乳料和饲喂方式对 0～4 月龄奶公犊生产性能及肉品质的影响 [D]. 保定：河北农业大学 .
王永超，2013. 日粮组成对奶公犊牛生长性能、营养物质消化代谢及肉品质的影响 [D]. 北京：中国农业科学院 .
王永超，姜成钢，崔祥，等，2013. 添加颗粒料对小牛肉用奶公犊牛生长性能、屠宰性能及组织器官发育的影响 [J]. 动物营养学报，25（5）：1113-1122.
王玉杰，孙芳，王君才，等，2011. 奶公牛犊与育肥牛的屠宰性能及肉品质比较分析 [J]. 中国奶牛（19）：54-57.
维尔金逊 J M，泰勒 J C，邱怀，1975. 利用乳用品种的犊牛在草场上生产牛肉 [J]. 国外畜牧科技资料（6）：23-27.
吴宏达，王嘉博，亓美玉，等，2014. 奶公犊肉用性能及肉质变化规律分析 [J]. 东北农业大学学报，45（8）：55-64.
吴立新，2003. 以色列重视奶牛业 [J]. 当代畜禽养殖业（1）：3-4.
夏传齐，邵陶祺，王长水，等，2017. 不同精料水平对荷斯坦奶公牛消化率、血液指标瘤胃发酵和生长性能的影响 [J]. 中国畜牧杂志，53（2）：85-90.
许红喜，庄雨龙，孙晓玉，2019. 奶公犊资源开发利用研究进展 [J]. 中国牛业科学，45（4）：41-43.
薛永杰，2021. 河北省肉牛产业竞争力研究 [D]. 保定：河北农业大学 .
杨琴，朱秋劲，2009. 乳公犊资源的开发与利用 [J]. 贵州农业科学，37（11）：113-116.
殷志扬，袁小慧，2013. 我国奶公牛养殖业布局及生产组织模式现状 [J]. 江苏农业科学，41（8）：8-10.
印遇龙，杨哲，2020. 天然植物替代饲用促生长抗生素的研究与展望 [J]. 饲料工业，41（24）：1-7.
袁国军，2022. 奶公犊“1+4”培育技术初探 [J]. 现代畜牧科技（1）：47-48.
昝林森，1999. 生产学 [M]. 北京：中国农业出版社 .
张保云，2010. 荷斯坦公犊牛生产小牛肉效果及牦牛 CAST 基因多态性分析 [D]. 兰州：甘肃农业大学 .
张保云，罗玉柱，王继卿，等，2010. 不同饲喂方式下荷斯坦公犊牛生产小牛肉的效果分析 [J]. 甘肃农业大学学报，45（6）：23-27.
张彬，2014. 粗饲料的特点与加工制作方法 [J]. 养殖技术顾问（8）：76.
张红，万发春，陈东，等，2020. 肉牛福利养殖的研究进展 [J]. 中国畜牧业（14）：

53-54.

张瑾，郭璐璐，王志文，2023. 肉牛前胃弛缓的预防方案探讨 [J]. 吉林畜牧兽医，44（5）：5-6.

张静，张佳程，李海鹏，等，2011. 国内外犊牛肉分级体系分析 [J]. 肉类工业（3）：46-48.

张美琦，李秋凤，赵洋洋，等，2019. 荷斯坦奶公犊生产小牛肉技术研究进展 [J]. 黑龙江畜牧兽医（11）：30-34，38.

张双奇，2011. 奶公牛公犊瘤胃发育规律的研究 [D]. 杨凌：西北农林科技大学 .

张兴隆，乔绿，孙宝忠，2016. 不同育肥模式对奶公牛生长性能和屠宰性能的影响 [J]. 中国草食动物科学，36（6）：24-27.

张玉丹，陈伯华，2006. 奶公犊生产优质牛肉的可行性浅析 [J]. 山西农业：农业科技版（6）：26-27.

张越杰，曹建民，田露，2010. 新时期我国肉牛养殖业的困境解析与发展研究 [J]. 农业经济问题（12）：77-81.

赵春平，昝林森，2016. 肉牛去势技术研究进展 [J]. 家畜生态学报，37（2）：86-89.

赵晓川，王嘉博，亓美玉，2013. 奶公犊牛产业的发展现状 [J]. 饲料广角（24）：40-43.

郑玉琳，2014. 肉牛直线育肥技术育肥期饲养管理 [J]. 中国牛业科学，40（5）：81-86.

中华人民共和国农业部，2002. 无公害食品肉牛饲养兽医防疫准则：NY 5126—2002[S].

中华人民共和国农业部，2003. 畜禽养殖业污染物排放标准：GB 18596—2001[S].

中华人民共和国农业部，2004. 肉牛饲养标准：NY/T 815—2004[S].

中华人民共和国农业部，2016. 无公害农产品兽药使用准则：NY/T 5030—2016[S].

中华人民共和国农业农村部，2021. 荷斯坦牛公犊育肥技术规程：NY/T 3798—2020[S].

中国生产力促进中心协会，2021. 病害动物及检验检疫不合格肉类产品生物处理工艺技术规程：T/CPPC 1023—2020[S].

中华人民共和国农业农村部，2021-04-20. “农业农村部关于印发《推进肉牛肉羊生产发展五年行动方案》的通知 .” 中华人民共和国农业农村部 . https://www.moa.gov.cn/govpublic/xmsyj/202104/t20210421_6366286.html.

周光宏，1999. 肉品学 [M]. 北京：中国农业科学技术出版社 .

周小松，2022-03-16. 2022 年全球牛肉市场供需情况分析中美引领全球牛肉产销

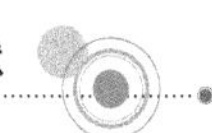

[EB/OL]. https://www.qianzhan.com/analyst/detail/220/220316-6dbe5588.html.

周艳枚，2022. 肉牛前胃迟缓的病因分析及防治措施 [J]. 中国畜牧业（7）：93-94.

Berry D P, 2021. Invited review: Beef-on-dairy-The generation of crossbred beef × dairy cattle [J]. Journal of Dairy Science, 104(4): 3789-3819.

COUNCIL N, PRESS N A, 1978. Nutrient requirements of horses [M]. United States: National Academy of Sciences.

COZZI G F, MATTIELLO S, 2002. The provision of solid feeds to veal calves growth performance for stomach development, and carcass meat quality [J]. Journal of Animal Science, 80: 357-366.

ENGLE T E, SPEARS J W, 2000. Trace mineral requirements of cattle [J]. Journal of Animal Science, 78(2): 406-416.

LOAIZA P A, BALOCCHI O, BERTRAND A, 2017. Carbohydrate and crude protein fractions in perennial ryegrass as affected by defoliation frequency and nitrogen application rate [J]. Grass Forage Sci, 72(3): 556-567.

LOERCH S C, FLUHARTY F L. 1999. Physiological changes and digestive capabilities of feedlot cattle [J]. Journal of Animal Science, 77(1): 111-123.

MATTIELLO S, CANALI E, FERRANTE V, 2002. The provision of solid feeds to calves' behavior, physiology and abnormal damage [J]. Journal of Animal Science, 80: 367-375.

NIEMI J, JAANA A, 2008. Finnish agriculture and rural industries. Effects of dietary protein content on performance and carcass composition of Holstein steers [J]. Journal of Animal Science, 86(8): 1405-1412.

PÉREZ-LINARES C, BOLADO-SARABIA L, FIGUEROA-SAAVEDRA F, et al., 2017. Effect of immunocastration with Bopriva on carcass characteristics and meat quality of feedlot Holstein bulls [J]. Meat Science, 123: 45-49.

PRITCHARD R H, BRUNS K W, 2003. Controlling variation in feed intake through bunk management [J]. Journal of Animal Science, 81(2): E133-E138.

TAKEMOTO S, TOMONAGA S, FUNABA M, et al., 1978. Effect of long-distance transportation on serum metabolic profiles of steer calves[J]. Animal Science Journal, 88(12): 1970-1978.

USDA-FAS: China-People's Republic of Livestock and Products Semi-annual in 2017. USDA-Global Agriculture Information Network.

USDA-FAS: China-People's Republic of Livestock and Products Semi-annual in 2018.

USDA-Global Agriculture Information Network.

USDA-FAS: China-People's Republic of Livestock and Products Semi-annual in 2019. USDA-Global Agriculture Information Network.

USDA-FAS: China-People's Republic of Livestock and Products Semi-annual in 2020. USDA-Global Agriculture Information Network.

VAZQUEZ A M, HEINRIEHS A J, ALDRICH J M, et al., 1993. Postweaned age effects on rumen fermentation production and digesta kinetics in calves weaned at 5 weeks of age [J]. Journal of Dairy Science, 76: 2742-2748.

ZINN R A, 2008. Influence of flake density on the nutritional value of steam-flaked corn for finishing cattle [J]. Journal of Animal Science, 86(2): 334-343.